SYMBIOTIC PLANET
공생자 행성

SCIENCE MASTERS

SYMBIOTIC PLANET
A New Look At Evolution
by Lynn Margulis

Copyright ⓒ 1998 by Stephen H. Schneider
All rights reserved.
First published in Great Britain by Orion Publishing Group Ltd..
The 'Science Masters' name and marks are owned and licensed by Brockman, Inc..
Korean Translation Copyright ⓒ 2007 by ScienceBooks Co., Ltd.
Korean translation edition is published by arrangement with Brockman, Inc..

이 책의 한국어판 저작권은 Brockman, Inc.과 독점 계약한
㈜사이언스북스에 있습니다.
저작권법에 의해 한국 내에서 보호를 받는 저작물이므로
무단 전재와 무단 복제를 금합니다.

SYMBIOTIC PLANET
공생자 행성

린 마굴리스
이한음 옮김

옮긴이의 말

과학의 신비화를 경계하라

린 마굴리스의 이력에는 으레 천문학자 칼 세이건의 부인이었다는 말이 따라붙는다. 그 말은 그녀의 이름을 기억하기 쉽게 해 주지만, 한편으로는 그 때문에 그녀가 해낸 연구 성과가 좀 가려지는 느낌도 있다.

이 책에서 말하고 있듯이, 저자의 이론은 비록 일부이긴 하지만 이제 생물학 교과서에도 실려 있다. 하지만 린 마굴리스라는 이름은 대개 언급되어 있지 않다. 좀 야박한 듯도 하다.

린 마굴리스는 미토콘드리아와 엽록체 같은 세포 소기관들이 원래는 독립된 생물이었다가 융합되어 세포의 한 성분이 되었다는 이론을 내놓았다. 주류 견해에 반하는 별난 이론들이 으레 그렇듯이 그녀의 이론도 처음에는 무시당했다. 하지만 그 세포 소기관들의 DNA가 세포핵에 있는 DNA가 아니라 세균의 DNA와 더 가깝다는 것이 드러나는 등 그녀의 이론을 입증하는 연구 결과들이 잇달아 발표되면서 그녀의 이론은 이제 우세한 견해로 자리를 잡았다.

하지만 린 마굴리스의 주장은 거기에서 그치지 않는다. 그녀는 미토콘드리아와 엽록체뿐만 아니라 세포 안팎에서 운동에 관여하는 파동모와 방추사 같은 구조물도 생물 간 융합의 산물이라고 주장한다. 그녀는 그 이론은 아직 주류 학계에 받아들여지지 않고 있지만, 머지않아 자신이 이길 것이라고 자신한다.

이 책은 그 이론을 소개하는 것을 비롯하여 저자 자신이 걸어 온 길을 서술한다. 아무도 몰래 상급 학교에 진학했다가 들통 나 곤욕을 치른 일, 대학에 조기 입학한 뒤 칼 세이건을 만나 연애에 빠졌던 일, 대다수 연구자들이 거들떠보지 않던 세포질 유전에 관심을 가지게 된 계기 등등.

그러면서 저자는 자신이 공생이라는 큰 틀에서 세상을 바라보고 있음을 보여 준다. 우리의 생각과 달리 이 지구에는 공생이 아주 흔하지만, 우리가 기존 사고 방식에 얽매여 그것을 제대로 보지 못한다고 말한다. 저자는 지의류나 되새김질하는 소처럼 으레 언급되는 공생 사례들을 논의하는 데 그치지 않고 더 멀리 나아간다. 공생이 새로운 생명을 낳는 원천이라는 것이다. 저자는 미토콘드리아나 엽록체 같은 세포 소기관의 형성이 공생을 통해 새로운 생명이 출현했음을 보여 주는 사례라고 말한다. 공생이 없었다면 세포핵을 지닌 진핵생물도, 산소 호흡을 하는 호기성 생물도 없었다. 게다가 저자는 난자와 정자를 만들고 둘을 합쳐서 새 수정란을 만드는 식의 번식 방식, 즉 성(性)도 공생의 산물이라고 본다.

녹색을 띤 식물이 출현한 것도 공생 덕분이었고, 식물이 바다를 떠나 육지를 푸르게 물들일 수 있었던 것도 공생 덕분이었다. 식물의 뿌리와 곰팡이가 결합된 균근 덕분에 식물은 황량하기 그지없던 육지로 진출할 수 있었다. 아니 식물은 균근 덕에 수분을 몸 속에 보존하고 습한 환경을 창조함으로써 육지를 일종의 초바다로 만들었다. 따라서 지구가 생명으로 가득한 행성이 된 것은 공생 덕분이었다.

저자는 이 논의를 제임스 러블록의 가이아 가설과 연관짓는다. 저자는 공생하는 생물들로 이루어진 생태계들이 서로 상호 작용하면서 지표면에 구축한 거대한 하나의 생태계가 바로 가이아라고 말한다. 즉 가이아는 공생의 행성을 일컫는 또 다른 이름이다. 생태학자들은 마굴리스의 이런 주장에 대체로 공감할 성싶다. 또 이른바 행성 과학자들도 인간이 지구를 돌보는 것이 아니라 지구가 인간을 돌보는 것이라는 말에 공감할 것이다. 똑같이 기나긴 세월에 걸쳐 진화한 무수한 생물들이 공생하는 행성의 입장에서 볼 때 인간이라는 종 하나가 특별 대접을 받을 이유가 없다는 데 말이다.

마굴리스는 계속하여 자신의 기본 착상과 이론을 다양한 방향으로 확장시켜 왔다. 저자는 이 책에서 때로 그런 사항들을 가볍게 언급하고 지나간다. 한 예로 그녀는 자신의 이론이 신라마르크주의라고 말한다. 획득 형질의 유전이 아니라 획득 유전자의 유전이라는 형태로 말이다. 공생 발생은 부모가 획득한 유전자가 자손에게 전달되는 현상이니까. 이 말이 다윈과 멘델의 후계자들이 1930년대에 확립한 정통 견해인 신다윈주의 종합을 부정하는 것일까? 종합은 획득 형질이 유전되지 않는다고 못 박지 않았던가?

마굴리스는 내친 김에 자신이 이론을 아예 더 과격하게 밀고 나간다. 그녀는 다른 지면을 통해서 아예 다윈주의 대신 새로운 종의 기원론을 주창하고 나선다. 다윈은 변이의 축적으로 신종이 생긴다고 보았지만, 그녀는 실제로 변이를 통해 신종이 생기는 것이 관찰된 사례가 드물며, 그보다는 감염, 섭식 같은 다양한 경로를 통해 유전체를 획득하는 일종의 세포 내 공생을 통해 신종이 생성된다는 이론을 전개한다. 생존 경쟁이 아니라 협동이 새로운 종 형성의 원천이라는 것이다. 윤리 의식이 강한 사람의 마음에 쏙 드는 이론이지만 안타깝게도 이 이론은 그다지 호응을 얻지 못하고 있다.

주류에 맞서 비주류를 택하는 것이 타고난 성격이든 아니면 그 쪽이 옳다는 강한 확신의 산물이든 간에, 그녀는 세포핵 유전과 다윈주의 대신 세포질 유전과 신라마르크주의를 택했고 또 식물과 동물 대신 병균이라고 무시되던 세균 같은 미생물을 연구 대상으로 택했다. 수십 년이 흐른 뒤인 지금 그녀의 연구는 자신이 지지했던 가이아 이론이 그랬듯이 꽤 인정을 받고 있다. 마굴리스 자신이 보기에는 아직 갈 길이 멀다고 느끼겠지만.

이 책은 공생을 주제로 하고 있지만, 한편으로 그녀가 학자로서 어떤 길을 걸어 왔는지도 보여 준다. 비주류로서 성공을 거두었기 때문인지 이 글에는 자부심과 자신감이 묻어난다.

    하지만 그녀는 신비화를 경계한다. 가이아 이론과 마찬가지로 자신의 이론도 어디까지나 과학이니, 신비주의로 덧칠하지 말라고 단속한다. 저자에게서 무언가 윤리적 함의 같은 것을 기대한 사람은 그 부분에서 실망할지도 모르겠다.

2007년 동지에

이한음

머리말

40억 년 역사의
초대형 실험실,
지구

> 시간은 계속 흐르지
> 지금 아픈 사람들에게 응원의 말을 하고 싶어
> 그들은 살아남을 거야
> 다시 해를 볼 거야.
> 그들은 지금은 믿지 않지만(1121)
> ─에밀리 디킨슨

"엄마, 가이아 개념이 엄마의 공생 이론과 무슨 관련이 있어요?" 직장에서 돌아온 열일곱 살의 아들 자크가 내게 물었다. 한때 정치가가 되겠다는 야망을 불태우다가 보스턴의 한 주의

원 보좌관으로 들어가 일하면서 정치가에 환멸을 느낀 자크는 얼굴 보기 힘든 두 고용주 중 한 명을 위해 노인 주택법 초안을 작성하느라 진을 다 뺀 뒤 집으로 막 돌아온 참이었다.

"전혀." 나는 즉시 대답했다. "적어도 내가 아는 한 전혀 관련이 없어." 하지만 그 뒤로 나는 그 질문을 곰곰이 곱씹어 보고는 했다. 나는 당신이 손에 든 이 책에서 그 질문에 답해 보려고 한다. 내가 과학자의 삶을 살아오는 내내 연구했던 과학 개념을 두 가지 꼽으라면, 연속 세포 내 공생 이론(SET, serial endosymbiosis theory)과 가이아(Gaia)를 들 수 있다. 둘이 어떤 관계에 있는지가 이 책의 핵심 주제다.

공생이 가이아와 어떤 관계냐는 자크의 질문에 대해서는 현재 사우스다트머스의 매사추세츠 대학교 교수로 있는 뛰어난 내 제자 그레그 힌클(Greg Hinkle)이 재치 있는 말로 산뜻하게 답한 바 있다. 박사 학위를 받기 전만 해도 그레그는, 공생이 그저 서로 다른 종의 생물들이 물리적으로 접촉한 상태로 함께 살아

● 각 장 첫머리에 인용한 시는 모두 에밀리 디킨스(Emily Dickinson, 1830~1886년)의 것이다. 숫자는 T. H. 존슨(T. H. Johnson)이 편집한 『에밀리 디킨스 시선집(*The Complete Book of Poems of Emily Dickinson*)』(1955년)에 실린 시 번호다.

가는 것이라고 알고 있었고, 학생들에게도 그렇게 가르쳤다. 공생의 당사자들, 즉 동료 공생자들은 같은 시간에 같은 장소에서 말 그대로 서로 접촉하면서, 심지어는 상대의 몸속에서 살아간다. 고대 그리스 신화에 나오는 대지의 여신의 이름을 딴 '가이아'는 지구가 살아 있다는 생각을 전제로 한다. 영국 화학자 제임스 러블록(James E. Lovelock)이 처음 주장한 가이아 가설은 대기 기체들과 암석 표면과 물이 생물들의 성장, 죽음, 신진대사, 기타 활동 들을 통해 조절된다고 본다. 그레그는 이렇게 재치 있게 말한다. "가이아는 그저 우주에서 본 공생일 뿐이다." 모든 생물들은 같은 공기와 같은 물(액체 상태)에 잠겨 있으므로 당연히 서로 접촉하고 있다. 이 책에서는 내가 그레그의 말이 옳다고 생각하는 이유들을 상세히 살펴볼 것이다.

이 책을 통해 공생과 가이아 이론을 근본적으로 새로운 생명관의 맥락에서 보게 된다면, 그것은 그저 네 가지 사실이 운 좋게 결합한 결과라고 할 수 있다. 첫째, 자크의 질문, 둘째, 내 생각과 저술의 질을 높이는 데 기여한 도리언 세이건(Dorian Sagan),[1] 셋째, 폭넓은 시야와 예술적 취향을 바탕으로 이 원고를 정직하고 세심하게 검토하고 편집하고 체계를 바로잡은 로이스 브린스(Lois Brynes),[2] 마지막으로 전체적인 짜임새에 좀 더 초점을 맞추고 곁길로 새는 이야기는 제발 좀 줄이라고 귀에 못이 박히도록 이야기해 준 베이직 출판사의 윌리엄 프라크트(William Fracht). 지적 호기심과 적절히 비판적인 태도를 겸비한 그런 편집자와 함께 일하는 것은 무척이나 즐거웠다.

이 책은 행성의 생명, 행성의 진화, 그리고 그것들을 바라보는 우리의 관점이 어떻게 변해 왔는지를 다룬다. 또 인간의 지적 탐구, 특히 과학적 탐구와 그것을 장려하거나 방해할 가능성이 있는 다양한 입장과 상황을 살펴본다. 과학적 발견들, 특히 우리 사회가 신성시하는 규범을 불편하게 하는 발견들을 제 소리를 못내도록 침묵시키려는 음모가 지금도 심심치 않게 벌어지고 있다. 종 수준에서 인류는, 익숙하고 편안한 주류에 있고 싶어 한다. 그러나 '관습'은 우리가 대개 인정하는 것보다 더 깊이 뿌리내리고 있다. 설령 적당한 이름도 없고 철학이나 사상의 역사에서 다루어지지 않는다고 해도, 우리 모두가 안전한 '현실'에 안주하려는 성향이 있다는 것은 분명하다. 우리가 무엇을 보고 무엇을 아는가는 우리가 어떤 관점을 취하느냐에 따라 달라진다. 우리가 사실이나 진리라고 여기는 관념들은 하나로 통합되어 우리의 사고방식을 형성한다. 우리는 보통 그 점을 의식하지 못한다. '길들여진 무능력', '생각 집합', '현실의 사회적 구성물' 같은 문화적 제약들을 생각해 보라. 매사에 우리의 관점을 결정하는 지배적 억압을 생각해 보라. 그런 것들은 우리 모두에게 영향을 미치며, 과학자들이라고 예외가 아니다. 언어, 국가, 지역, 시대는 우리의 인식에 한계를 설정한다. 누구나 다 그렇듯이, 과학자들이 은연중에 갖고 있는 가정들도 자신도 모르게 그들의 사유를 한정지음으로써 행동에 영향을 미친다.

흔히 말하는 거대한 존재의 사슬이라는 관념도 은연중에 깔려 있는 그런 가정 중 하나다. 신부터 돌까지 이어지는 존재의 사슬 한가운데, 우주의 중심에 있는 존엄한 존재가 인간이라는 것이다. 이 인간 중심주의적 관념은 종교적 사유를 지배하는 것은 물론이고, 심지어 종교를 거부하고 그 자리에 과학적 세계관을 갖다 놓는 사람들의 생각까지도 지배한다. 고대 그리스 인들은 맨 위에 여러 신들이 있고, 그 밑으로 남자, 여자, 노예, 동물, 식물의 순으로 이어지는 사슬이 있다고 가정했다. 돌과 광물은 가장 낮은 자리에 놓였다. 유대-기독교는 그 사슬을 약간 변형시켰다. 인간이 동물 바로 위, 천사보다 약간 낮은 자리에

있다고 보았다. 물론 가장 존엄한 존재가 인간 대신 전능한 하느님으로 바뀐 것은 당연했다.[3]

과학적 세계관은 이런 관념들을 낡은 헛소리라고 치부한다. 오늘날 살고 있는 모든 존재들은 똑같이 진화를 거쳤다. 모두 공통의 세균 조상으로부터 30억 년이 넘는 세월에 걸쳐 진화하여 살아남은 존재들이다. '고등한 존재'도, '하등한 동물'도, 천사도, 신도 없다. 산타클로스와 마찬가지로 악마도 나름대로 유용한 전설일 뿐이다. '고등한' 영장류인 원숭이와 유인원도 그 명칭이 어떻든 간에(영장류의 영어 명칭인 primate는 '첫째'를 뜻하는 라틴 어 *primus*에서 유래했다.) 남보다 더 고등하지 않다. 우리 호모 사피엔스 사피엔스와 영장류 친척들 역시 그렇게 특별한 존재가 아니다. 오히려 우리는 진화라는 무대에 최근에야 등장한 신참이다. 인간은 다른 생물들과 차이점보다는 유사점이 훨씬 더 많다. 기나긴 지질 시대를 거치며 맺어 온 깊은 관계를 생각할 때, 우리는 다른 생물들에게 혐오감이 아니라 경외심을 보여야 마땅하다.

인간이라는 종은 여전히 자신이 중심에서 벗어나 있다는 생각을 받아들이고 싶어 하지 않는다. 다윈의 노력에도 불구하고, 아니 오히려 그 때문인지는 몰라도, 우리 사회는 여전히 진화학을 진정으로 이해하지 못하고 있다. 과학과 사회가 충돌할 때, 이기는 쪽은 언제나 사회니까. 진화학은 훨씬 더 깊이 이해되어야 마땅하다. 그렇다. 인간은 분명히 진화했다. 그러나 유인원보다, 아니 포유류보다 약간 더 진화한 정도에 불과하다. 우리는 오랜 기간 수많은 조상들을 거쳐 진화했고, 그 계보를 끝까지 거슬러 올라가면 세균이 나온다.

진화는 대부분 우리가 '미생물'이라고 치부하는 존재에서 시작되었다. 지금 우리가 알고 있는 생물들은 모두 세균이라는 가장 작은 존재들로부터 진화했다. 그렇다고 이 사실을 굳이 기뻐할 필요는 없다. 미생물, 특히 세균은 우리의 적이라고 간주되며, 병원균이라고 멸시받는다. 사실 미생물은 맨눈으로는 오물이나 더껑이로 보이지만 현미경을 들이대면 상세한 모습을 드러내는 조류, 세균, 효모 같은 다양한 생물들을 일컫는다. 나는 다른 모든 영장류들과 마찬가지로 인간 역시 신의 창조물이 아니라 매순간 반응하는 미생물들이 수십억 년에 걸쳐 상호 작용한 과정의 산물이라고 주장한다. 이런 견해에 불편해하는 사람들도 있다. 일부 사람들은 과학이 내놓는 소식을 두려워하며,

과학을 거부해야 할 정보의 공급원이라고 본다. 하지만 과학은 나를 매료시킨다. 더 많은 것을 배우라고 끊임없이 나를 자극한다.

린 마굴리스

SYMBIOTIC PLANET

공생자 행성

차례

옮긴이의 말	**과학의 신비화를 경계하라**	4
머리말	**40억 년 역사의 초대형 실험실 지구**	10
	1 │ 지구는 공생자들의 행성	21
	2 │ 정통 견해에 맞서다	35
	3 │ 개체는 합병에서 태어났다	69
	4 │ 생명의 덩굴	97
	5 │ 세포는 생명 탄생의 기억을 가지고 있다	127
	6 │ 섹스의 진화	157
	7 │ 초바다의 해변에서	185
	8 │ 가이아	199
부록		228
주(註)		229
찾아보기		235

SYMBIOTIC PLANET

공생자 행성

1
지구는 공생자들의 행성

> 벌 한 마리 날개를 반짝이며
>
> 대담하게 장미를 향해 간다.
>
> 사뿐히 내려앉는
>
> 벌(1339)

<u>서로 다른 종이 물리적으로 접촉하며</u> 살아가는 방식인 공생(共生, symbiosis)은 깊은 의미를 담은 개념이자 생물학 전문 용어라는 인상을 준다. 그러한 인상을 받는 것은 공생이 흔하다는 것을 우리가 깨닫지 못하고 있기 때문이다. 우리의 소화관과 눈썹에는 세균과 동물 공생자들이 우글거리고 있으며, 눈앞에 보이는

마당이나 공원에도 드러나지는 않지만 공생자들이 널려 있다. 흔한 잡초인 토끼풀과 갈퀴나물의 뿌리에는 작은 구슬들이 달려 있다. 이 구슬들 안에는 질소가 부족한 토양에서도 식물들을 잘 자라게 해 주는 질소 고정균들이 들어 있다. 그리고 단풍나무, 참나무, 히코리(가래나뭇과의 나무—옮긴이) 등을 보라. 그들의 뿌리에는 우리가 버섯이라고 말하는 균근류, 즉 곰팡이 공생자들이 300여 종이나 뒤엉켜 살고 있다. 아니면 개를 보라. 개의 소화관에 벌레들이 공생하고 있다는 사실을 우리는 대개 의식하지 못한다. 우리는 공생자 행성에 살고 있는 공생자들이며, 조금만 주의를 기울이면 어디에서든 공생을 볼 수 있다. 또한 물리적 접촉이 생존의 필수 조건인 생물들도 많다.

사실 내가 연구하는 것들은 모두 이미 이름 모를 학자들이나 자연학자들이 예견했던 것들이다. 내게 중요한 학문적 영향을 준 선배들 중에 공생이 진화에서 어떤 역할을 하는지를 깊이 이해하고 설명한 사람이 있다. 콜로라도 대학교의 해부학자 아이번 월린(Ivan Wallin, 1883~1969년)이다. 그는 신종이 공생에서 유래한다는 주장을 담은 걸작을 썼다. 장기간 지속적으로 공생 관계가 확립됨으로써 새로운 조직, 기관, 생물, 더 나아가 종이 생성되는 것을 진화 용어로 공생 발생(symbiogenesis)이라고 한다. 윌린은 공생 발생이라는 용어를 쓴 적이 없지만, 그 개념을 완벽하게 이해했다. 그는 특히 세균과 동물의 공생을 강조했으며, 그 과정을 "미시 공생 복합체의 확립"이나 "공생자주의(symbionticism)"라고 불렀다. 그것은 중요한 사실이다. 다윈은 자신의 걸작에 『종의 기원』이라는 제목을 붙였지만, 그 책에 신종의 출현에 관한 이야기는 거의 언급되어 있지 않기 때문이다.[1]

공생은 진화적 새로움(evolutionary novelty)과 종의 기원을 이해하는 데 중요하다. 그 점에서 나는 윌린의 견해에 전적으로 동의한다. 사실 나는 종이라는 개념 자체가 공생을 전제로 한다고 믿는다. 세균에게는 종이 없다.[2] 세균들이 서로 융합하여 식물과 동물의 조상들을 비롯한 더 큰 세포들을 만들기 전까지 종이란 없었다. 이 책을 통해 나는 장기적인 공생이 처음으로 핵을 지닌 복잡한 세포를 진화시켰고, 거기에서 곰팡이, 식물, 동물 같은 생물들이 나왔음을 설명하고자 한다.

동물과 식물의 세포가 공생을 통해 생겼다는 것은 이제 더 이상 논란거리가 아니다. 유전자 서열 분석 같은 분자생물학 기술들은 나의 세포 공생 이론 중 그 부분이 옳다는 것을 입증해

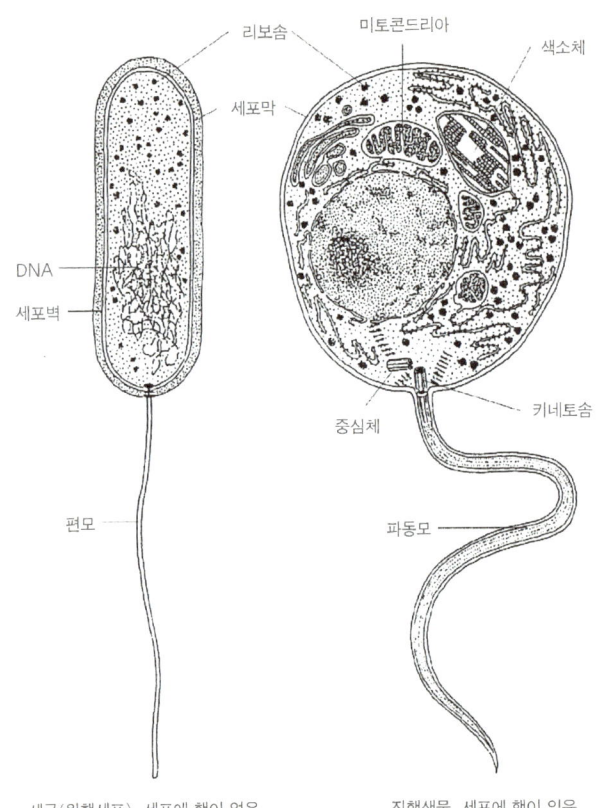

세균(원핵세포), 세포에 핵이 없음.   진핵생물, 세포에 핵이 있음.

그림 1

원핵세포와 진핵세포의 비교

왔다. 세균이 식물과 동물의 세포로 들어가서 영구적으로 통합되어 색소체와 미토콘드리아로 변했다는 것은 내 연속 세포 내 공생 이론의 한 부분이다. 그 이론은 이제 고등학교 교과서에도 실려 있다. 하지만 아직 공생 진화론이 전면적으로 받아들여졌다고는 생각하지 않는다. 그리고 새로운 종이 기존 종들의 공생적 융합을 통해 생긴다는 개념은 과학계에서 아직 논의조차 되고 있지 않다.

예를 하나 들어 보자. 나는 예전에 달변에다가 풍채도 좋은 고생물학자 닐스 엘드리지(Niles Eldvedge)에게 새로운 종의 형성 과정이 규명된 사례를 하나라도 아는지 물어 보았다. 연구실에서, 야외에서, 혹은 화석 기록을 관찰하여 얻은 사례를 제시한다면 납득하겠다고 했다. 그가 좋은 사례라고 제시할 수 있었던 것은 하나뿐이었다. 그것은 테오도시우스 도브잔스키(Theodosius Dobzhansky)가 초파리로 한 아주 흥미로운 실험이었다. 초파리들을 높은 온도에서 키울수록 유전적으로 분화된다는 결과가 나왔다. 2년쯤 지나자 높은 온도에서 키운 초파리 집단은 보통 온도에서 자란 집단의 자손들과 더 이상 번식할 수 없었다. "하지만 그것은 기생 생물과 관련이 있는 것으로 드러났지요!" 엘드리지는 재빨리 그렇게 덧붙였다. 사실 고온에서 자란 초파리들에게는 저온에서 자란 초파리들에게 있는 세포 내 공생 세균이 없다는 것이 나중에야 밝혀졌다. 엘드리지는 이 실험을 종 분화를 관찰한 사례로 보지 않았다. 미생물 공생이 관여했다는 것이 그 이유였다! 우리 모두가 그러했듯이, 그도 미생물은 병원균이며, 몸에 병원균을 지니고 있으면 병에 걸리지, 새로운 종이 되는 것이 아니라고 배웠다. 그리고 자연선택을 통한 진화는 유전자 돌연변이 하나하나가 오랜 세월에 걸쳐 서서히 축적되어 일어난다고 배웠다.

역설적인 것은 닐스 엘드리지가 스티븐 제이 굴드(Stephen Jay Gould)와 함께 '단속 평형' 이론을 주창한 책을 썼다는 사실이다. 엘드리지와 굴드는, 화석 기록에 따르면 진화는 대부분의 기간 동안에는 잠자코 있다가 갑자기 진행되는 식으로 이루어진다고 주장한다. 즉 생물들은 짧은 기간에 갑자기 변하고, 그 뒤로 변화가 없는 시기가 오래 이어진다는 것이다. 지질학적 시간이라는 긴 관점에서 보면, 공생은 진화의 번개가 번쩍이는 것과 같다. 내가 볼 때 공생은 화석 기록의 불연속성, 즉 '단속 평형'이 나타나는 이유를 설명하는 데 도움이 될 진화적 새로움을 낳는 원천이다.

초파리 외에 연구실에서 종이 생겨나는 것이 목격된 또 하나의 예는 아메바속이었다. 거기에도 공생이 관여했다. 공생은 라마르크주의의 일종이지만, 그 악명 높은 종류의 라마르크주의는 아니다. 원래 '라마르크주의'는 장 바티스트 라마르크(Jean Baptiste Lamark)의 이름을 딴 것이다. 프랑스 인들이 최초의 진화학자라고 주장하는 라마르크는 '획득 형질의 유전'을 주장했다는 이유로 평가절하되고는 한다. 단순한 라마르크주의는 환경 조건에 따라 부모에게 생긴 형질들을 자손이 물려받는다고 말하는 반면, 공생 발생은 생물이 형질이 아니라 다른 생물 전체 그리고 물론 그들의 유전자 전체를 획득한다고 말한다! 내 프랑스 동료들이 가끔 말하듯이, 나도 공생 발생이 신라마르크주의의 한 형태라고 감히 말할 수 있다. 공생 발생은 획득된 유전자 집합의 유전을 통해 이루어지는 진화적 변화다.[5]

살아 있는 존재들은 명쾌한 정의를 부정한다. 그들은 싸우고, 먹고, 춤추고, 짝짓고, 죽는다. 공생은 새로움을 낳는다. 이것이 우리에게 익숙한 커다란 생명체들이 지닌 창조성의 근원이다. 공생은 서로 다른 생명체들을 하나로 묶는다. 거기에는 반드시 이유가 있다. 한 예로 굶주림 때문에 포식자와 먹이가 합쳐지거나, 입이 광합성 세균이나 조류와 결합될 때가 종종 있다. 공생 발생은 서로 다른 개체들을 하나로 묶어서 더 크고 더 복잡한 존재를 만든다. 공생 발생으로 생긴 생명체의 '부모'끼리도 서로 다르지만, 새로 탄생한 생명체는 부모와 더욱더 다르다. '개체들'은 영구히 융합되어 함께 번식을 조절한다. 그들은 복합 단위체인 공생하는 새 개체들이 되어 새로운 집단을 형성한다. 그들은 더 크고 더 포괄적인 통합을 이룬 '새 개체들'이 된다. 공생은 극단적이거나 드문 현상이 아니다. 공생은 자연스럽고 흔하다. 우리는 공생 세계에서 살고 있다.

프랑스 북서 해안에 자리한 브르타뉴 지방에 가면, 영국 해협을 마주한 해안을 따라 바닷말은 아닌데 '바닷말'처럼 보이는 기이한 것들이 발견된다. 멀리서 보면 모래밭에 떨어져 있는 초록빛 덩어리 같다. 이 덩어리들은 얕은 물웅덩이에서 희미하게 반짝거리며 흔들린다. 손으로 뜨면 손가락 사이로 주르륵 흘러내리는데, 자세히 보면 바닷말과 흡사한 끈끈한 띠처럼 생겼다. 돋보기나 해상도 낮은 현미경으로 들여다보면, 바닷말처럼 보이는 이 물체가 사실은 초록색 벌레들임이 드러난다. 일광욕을 즐기던 이 초록색 벌레 무리는 바닷말과 달리 모래 속으로 파고들어가서 모습을 감춘다. 이 벌레는 1920년대에 영국의 프레더릭 윌리엄 키블(Frederick Williom. Keeble, 1870~1952년)이 처음 학계에 발표했다. 그는 로스코프에서 여름 휴가를 보내던 중에 그것을 발견했다. 그는 그것을 '식물-동물'이라고 불렀고, 『식물-동물들(*Plant-Animals*)』이라는 책까지 썼다. 그 책에는 그 벌레들의 멋진 채색 도판이 권두화로 실려 있다. 콘볼루타 로스코펜시스(*Convoluta roscoffensis*)라는 이 편형동물은 조직에 플라티모나스(*Platymonas*) 세포들이 들어차 있어서 온몸이 초록색을 띤다. 이 벌레의 몸이 투명하기 때문에 광합성 조류인 플라티모나스의 초록색이 그대로 비치는 것이다. 아름답지만 이 초록색 조류가 그저 장식용은 아니다. 그들은 벌레의 몸속에서 살아가고 성장하고 번식한다. 사실 그것들은 벌레의 먹이를 만든다. 따라서 그 벌레의 입은 사실상 필요 없는 기관이며, 유생이 알에서 깨어난 순간부터 아무 역할도 하지 않는다. 햇빛이 이 움직이는 온실 안까지 비치면, 조류들은 활동하고 자라면서 광합성 산물들을 세포 밖으로 내보낸다. 그 산물들은 숙주의 먹이가 된다. 이 공생 조류는 벌레의 폐기물까지 처리해 준다. 조류는 벌레의 폐기물인 요산을 재활용하여 자신의 양분으로 쓴다. 조류와 벌레는 햇빛 아래 헤엄치는 축소판 생태계를 만든다. 사실 이 두 생물은 아주 긴밀하게 얽혀 있어서 아주 강력한 현미경으로 들여다보지 않으면, 어디까지가 동물 부분이고 어디까지가 조류 부분인지 명확히 구분하기가 어렵다.

그런 동반자 관계는 어디에서나 흔히 볼 수 있다. 고둥의 일종인 플라코브란쿠스(*Placobranchus*)의 몸에는 마치 심어 놓은 것처럼 줄지어 자라고 있는 초록색 공생자들이 산다. 대왕조개는 살아 있는 정원이나 다름없다. 빛을 원하는 조류들이 몸에 가득하다. 조류와 공생하는 문어해파리(*Mastigias*)들은 작은 초록 우산들처럼 수천 마리씩 수면 근처를 떼지어 떠다니면서 햇빛을 받는다.[3]

해파리의 친척인 민물에 사는 히드라는 몸에 초록색 광합성 동반자가 들어 있느냐의 여부에 따라 흰색 또는 초록색을 띤다. 히드라는 동물일까 식물일까? 초록색 히드라의 몸속에 먹이를 생산하는 동반자(클로렐라)가 영구적으로 살고 있다면, 뭐라고 말하기가 어렵다. 초록색이라면 히드라는 공생자다. 광합성을 할 수 있고, 헤엄을 치거나 움직일 수 있고, 한자리에 그냥

머물러 있을 수도 있다. 통합을 통해 개체가 되었기 때문에 그들은 삶의 경주에서 살아남았다.

약 3000만 종에 이르는 지구상의 동물들은 모두 미소 생태계(microcosm)에서 나왔다. 토양과 공기의 근원이자 원천인 미생물 세계는 우리 자신이 어떻게 살아남았는지를 알려 준다. 이 미생물 드라마의 큰 주제는 따로 지내던 주인공들이 상호 작용하는 공동체를 이룸으로써 개체성을 출현시킨다는 것이다.

나는 우리 행성에 함께 사는 동료들의 일상 생활을 지켜보는 것을 좋아한다. 현재 코네티컷 대학교 교수로 있는 제자 로레인 올렌드젠스키(Lorraine Olendzenski)와 함께 나는 다년간 미소 생태계의 생명체들을 비디오로 촬영했다. 최근에는 매사추세츠 우스터에 있는 뉴잉글랜드 과학 센터의 전직 부국장인 혈기 왕성한 로이스 브린스도 참여했다. 우리는 유매스(U MASS)라는 학생 동아리와 함께 미생물 세계를 사람들에게 알리기 위한 영화와 비디오를 만들고 있다.

연못에 더껑이처럼 떠 있는 오프리디움(*Ophrydium*)은 자세히 살펴보면 하나하나 떨어져 있는 초록색 '젤리 공' 같다. 이 생물은 우리가 매사추세츠에서 최근에 발견한 것으로, 창발적인 개체성을 보여 주는 사례다. 우리가 찍은 필름을 보면 물에 떠 있는 이 공들은 아주 투명하다. 좀 더 큰 '개체'인 초록색 젤리 공은 더 작은 원뿔 모양의 활발하게 수축하는 '개체들'로 이루어져 있다. 그 작은 개체들도 복합체다. 몸속에 초록색 클로렐라들이 살고 있기 때문이다. 클로렐라들은 모두 줄지어 들어 있다. 뒤집힌 모양의 원뿔 하나에는 클로렐라 세포인 둥근 공생자가 수백 마리 들어 있다. 클로렐라는 흔한 녹조류의 일종이다. 클로렐라들은 오프리디움의 몸속에 갇혀서 젤리 공 공동체를 위해 봉사한다. 이 '종'의 '생물'은 하나의 개체처럼 보이고 행동하지만, 사실 막으로 둘러싸인 미생물들의 집합, 즉 하나의 집단이다.

카프카스 산맥 지방에서 즐겨 마시는 케피르라는 영양가 높은 음료도 공생 복합체의 일종이다. 케피르에는 그루지야 사람들이 '모하메드 알'이라고 부르는 발효되면서 덩어리가 진 우유 알갱이들이 들어 있다. 이 알갱이는 25종류가 넘는 효모와 세균의 복합체다. 알갱이 하나는 수백만 개체가 모여서 형성된 것이다. 그렇게 한데 뭉쳐서 상호 작용하는 생물들의 덩어리로부터 이따금 새로운 존재가 출현하고는 한다. '독립 생활'을 하는 생물들은 서로 결합하여 더 크고 더 높은 조직화 단계에 있는 새로운 융합체가 되어 재등장하는 경향이 있다. 나는 호모 사피엔스라는 종이 오래전에 미소 생태계에 존재했던 행성 동료들의 융합과 합병을 새롭게 평가해야 할 때가 머지않아 올 것이라고 예상한다. 나는 어느 뛰어난 감독을 잘 구슬려서 진화사를 미소 생태계 영상으로 찍은 다음, 아이맥스나 옴니맥스 영화관에 상영하여 미생물들이 형성하고 해체하는 생명들의 장엄한 관계들을 보여 주고 싶다.

지금뿐만 아니라 지구 역사 내내, 안정한 것이든 일시적인 것이든 간에 공생은 아주 흔했다. 이런 진화 이야기는 마땅히 널리 알려야 한다.

2
정통 견해에 맞서다

> 산들은 빨갛게 물든 머리를 쏙 내밀고
> 강들은 보려고 몸을 기울이네.
> 하지만 갖고 있지 않은 사람들도 있지.
>
> 호기심을(1688)

내 기억에 가장 심하게 마음의 상처를 입었던 것은 열세 살 때였다. 학문을 하면서 겪은 좌절감이나 연애 실패 사건도 그때 겪었던 비참함과 무력감에 비하면 아무것도 아니었다. 당시 자유 의지를 지닌 인간임을 자각한 나는 그 권리를 몰래 실천해 보겠다고 좀 덜 떨어진 남자 친구 후보 떼거지들이 가득한 시카고 대학교 부설 8학년 실험 학교를 떠나서, 내가 있을 곳이라고 판단한 규모가 큰 공립 고등학교에 들어갔다. 시카고 대학교 부설 실험 학교에서는 단 하루도 더 있고 싶지 않았다. 모든 것이 너무나 익숙했고 대수학이 너무나 어려웠던 곳이었다.

당시 나는 멋진 사우스 쇼어 드라이브 아파트에서 부모님과 살고 있었는데, 가출이 유일한 해결책이라는 판단이 들었다. 물론 돈도 한 푼 없었고, 달리 갈 데도 없었으며, 수업과 해야 할 일들이 시간표를 가득 채우고 있었다. 가출이 실행 불가능하다는 사실이 명백해지고, 낮이 점점 길어지다가 매서운 추위가 몰려왔을 때, 나는 한 가지 계획을 짰다.

공립 학교에 다니던 나는 9월에 시카고 대학교 부설 실험 학교에 편입했다. 당시 결원이 4학년 반밖에 없었기에 그 반으로 들어갔다. 물론 그 때문에 한 학기가 뒤처지게 되었다는 것을 알고 있었다. 공립 학교 친구들은 나보다 반년을 앞서 있었다. 몇 년이 흐르고, 8학년 첫 학기가 끝나가는 11월~12월이 되자 비참함은 절정에 달했고, 마침내 나는 결심했다. 나는 대수학 같은 어려운 과목은 영원히 포기하고, 옛 공립 학교 친구들과 함께 정원이 5,000명이나 되는 하이드파크 고등학교에 지원하기로 했다. 하지만 결코 그런 짓을 하지 않겠다는 다짐을 받으려는 아버지와 끔찍한 면담을 한 뒤, 나는 그 계획을 숨겨야 한다는 것을 깨달았다. 2월 초의 어느 화창한 날 나는 모든 의무로부터 해방된 기분을 만끽하면서 학교를 빼먹었다. 버스를 타고 63번가에서 내려 경찰이 상주하고 있는 시끌벅적한 도심의 고등학교로 가서 이름 없는 커다란 사무실로 들어갔다. 나는 입학 지원서를 작성했다. 내 자신이 고등학교에 들어갈 자격이 있다고 생각했다. 그리고 학교 직원들이 질문을 했을 때 시카고 대학교 부설 실험 학교에 다녔는데, 가을 학기를 빼먹고 시골에 갔다가 최근에 부모님과 함께 왔다고 둘러댔다.

약 12주 동안 나는 의무 수업들을 모두 착실히 들었다. 가장 좋아했던 과목은 뛰어난 교사인 니아자 선생님의 스페인어였다. 나는 모범 학생처럼 행동했다. 물론 부모님은 내가 실험 학교에 안 나간다는 것을 전혀 모르셨고, 나 역시 그런 착각을 깰 이유가 없었다. 그러다가 늦봄에 호출을 당했다. 하이드파크 고등학교에서 내 초등학교 성적표를 떼어 보았다가 내가 시카고 대학교 부설 실험 학교 8학년을 마치지 않았다는 것을 알아낸 것이다. 학교 당국은 이미 내가 하이드파크 고등학교에 다닐

자격이 없다고 결론을 내린 상태였다. 나는 하이드파크 고등학교 교장실로 오라는 통보를 받았다. "그래요, 실험 학교를 졸업하지 않았어요. 굳이 그럴 필요가 없잖아요?" 나는 그렇게 주장했다. 오키프 초등학교 부설 유치원 때부터 2월에 입학을 했고, 지금 하이드파크 고등학교에 있는 같은 유치원 졸업생들 곁으로 돌아온 것뿐이지 않은가 말이다. 옛 학우들에게 합류했으니, 그저 예전 상태로 돌아왔을 뿐이었다. 내가 실험 학교에 안 나간다는 것을 부모님이 전혀 몰랐다는 사실을 알게 된 학교 관리자들의 분노는 극에 달했다. 졸업을 하지 않고 떠났다는 것을 부모님이 모른다고 말했을 때였다. 물론 부모님은 수업료 납부 통지서가 보이지 않는다는 것을 눈치채지 못하셨다.

그 뒤로 눈물이 글썽글썽한 채로 수없이 학교를 들락거려야 했다. 해결책을 내놓은 쪽이 아버지였는지 나였는지는 기억나지 않는다. 우리는 교육 체제가 다른 외국 학교 출신의 사춘기 소녀를 미국 중등 교육 체제의 어디에 편입시키는 것이 적당한지를 스스로에게 질문하면서 마침내 실마리를 찾았다. 우리는 외국 고등학교 학생을 위한 수학, 영어, 역사, 인문학 시험을 보게 해 달라고 요청했다. 나는 9학년 수준의 시험을 쉽게 통과

했다. 그 전투에서 이긴 것이다. 나는 하이드파크에서 9학년을 다녀도 좋다는 허락을 얻었다. 그곳에서 나는 훨씬 더 다양한 남자 친구들을 선택할 수 있는 자유를 마음껏 누렸다.

하지만 나는 전쟁에서는 졌다. 하이드파크 고등학교를 2년 다닌 뒤 '조기 입학생'이 되어 시카고 대학교에 들어갔을 때, 지도 교수들은 내가 8학년 때보다 10학년 말에 오히려 수학 능력과 어휘 능력을 비롯한 전반적인 실력이 더 떨어졌다고 말했다. 그래도 1954년 봄 마침내 하이드파크라는 도시의 인종 차별 공간을 떠나 그 대학(당시 시카고 대학교를 그렇게 그냥 '그 대학'이라고 불렀다. 아주 어린 학생들을 입학시키고 있었으니 대학이라는 말이 좀 어울리지 않았지만.)에 입학했을 때, 나는 다시 우수한 학생으로 돌아올 채비를 끝낸 상태였다. 하지만 걱정이 가득했던 부모님의 말은 달랐다. 내가 제자리로 돌아오자마자, 멋지고 영리하고 능력 있는 젊은이들 중에서 가장 뛰어난 사람을 만날 준비부터 했다는 것이다. 그 뒤 칼 세이건(Carl Sagan)과 살림을 차렸으니 말이다.

열네 살 때 시카고 대학교의 특수 조기 입학 프로그램에 들어갈 수 있었던 것은 내게 정말로 행운이었다. 비록 3년 6개월 뒤에 학사 학위 하나와 남편을 비롯하여 많은 것을 얻고 졸업했지만, 가장 오래도록 내게 남아 있었던 것은 철저하고 세심하게 함양된 비판적 회의주의였다. 내가 시카고 대학교에서 받은 교육을 소중히 여기는 것은 그 학교의 교훈(校訓) 때문이다. 사람은 언제나 진실한 말과 허튼소리를 구분하기 위해 노력해야 한다는 가르침 말이다.

학우이자 신예 천문학자 칼 세이건은 나보다 다섯 살 연상이었다. 흑갈색 머리카락을 늘 덥수룩하게 기르고 다니던 그는 키가 크고 멋있었으며 말을 유창하게 잘했다. 당시에도 그의 머릿속에는 온갖 착상들이 넘쳐났다. 어느 날 수학 강의동인 에크하르트 홀 계단을 뛰어 올라가다가 나는 말 그대로 그의 품속으로 뛰어들었다. 당시 열아홉 살이었던 세이건은 이제 막 천문학자 생활을 시작하려 하고 있었다. 그는 물리학과 대학원 학생이었고, 나는 그저 조급하고 열정적이며 무지한 소녀에 불과했다.

나는 과학에는 무지했다. 그랬기에 나는 칼이라는 인물과 특히 그의 유창한 말솜씨에 푹 빠지고 말았다. 그때 벌써 그는 세련된 전문가처럼 보였다. 첫 만남 뒤로 그는 늘 나와 함께 다녔고, 광활한 시간과 공간에 관한 그의 날카로운 식견에 귀를 기울이려는 친구들도 함께 어울렸다. 천문학 동호회 회장이자 여기저기에 글을 쓰는 언론인이자 대중 연설가이기도 했던 그는 주위에 모인 무식한 바보인 우리에게 과학 탐구에 뛰어들어 열정을 쏟을 수 있는 방법을 보여 주었다. 그의 과학 사랑은 전염성이 있었다.

그렇지만 사랑의 땅으로 나아가려는 우리의 열정 가득한 행로는 처음부터 가시밭길이었고, 결말 역시 피폐했다. 아버지는 칼의 불손한 태도를 싫어했고, 어머니는 그가 이기적인 사람이 아닐까 하는 의구심을 버리지 못했다. 세이건과 나는 남쪽에 있는 멕시코로 떠났다가 동쪽 뉴저지로 이사했다. 우리는 함께 여러 지역으로 이사를 다녔고 몇 차례 갈라서기도 했다. 심지어 나는 그와 혼인하는 것이 어리석고 자멸적인 행동인 이유를 나열하는 나의 모습을 비디오에 담기도 했다. 하지만 내가 열아홉 살이 된 1957년 6월 6일, 우리는 마침내 멋진 결혼식을 올렸다. 우아하게 차려 입은 어머니만이 최선을 다해 예식을 주관했다. 시어머니 레이철 세이건(Rachel Sagan)도 결혼식 내내 지켜보았지만, 그날 내게 이런 내용의 전보를 한 통 보내셨다. "독신 생활을 단 한 주도 못해 보고 아줌마가 되었구나." 결혼식이 있기 전 주에, 탁월한 인물인 로버트 허친슨(Robert Hutchins, 1899~1977년)

이 세운 전통에 따라 전공도 선택 과목도 없는 시카고 대학교 교양학부 학위 수여식이 열렸다. 고등 교육을 혁신시킨 개혁가 허친슨은 서른 살 때부터 22년 동안 시카고 대학교에 재직한 끝에 총장이 되었다. 비록 내가 입학했을 때는 서부로 떠나고 없었지만, 내가 시카고 대학교에서 교육을 받을 수 있었던 것은 그의 천재성과 진보적인 교과 과정 덕분이었다.

칼의 영향도 어느 정도 있었지만, 나는 유전 현상이 결국은 화학적으로 설명될 것이라고 확신했다. 나는 유전학이 진화가 어떻게 이루어지는지 알려 줄 가장 좋은 단서를 제공할 것이라고 생각했다. 열아홉 살이었던 그때에는 알아차리지 못했지만 나는 조지 게일로드 심프슨(George Gaylord Simpson)의 뒤를 따르고 있었다.[1] 심프슨은 자신이 진화를 연구한다고 해서 진화를 가장 중요한 분야라고 주장하는 것은 아니라고 쓴 바 있다. 거꾸로 진화가 가장 중요한 학문이기 때문에 자신이 그것을 연구한다고 했다.

그해 9월, 소련의 인공위성 스푸트니크가 발사되기 며칠 전, 나는 칼을 따라 위스콘신 주 윌리엄스 만에 있는 여키스 천문대로 갔다. 시카고 대학교 천문학과가 있는 여키스 천문대는 호숫가에 있는 대도시에서 150킬로미터쯤 떨어진 곳에 있었다. 칼은 그곳 대학원 학생으로, 당시 거의 알려지지 않았던 분야인 행성학을 전공하는 네 명 중 한 명이었다. 그때 이미 그는 생명이 살고 있을 만한 행성을 찾는 일을 시작한 상태였다.

나도 대학원 과정에 지원했다. 그 대학교가 전공이 기재되어 있지 않은 내 교양 과정 학위를 진정한 학사 학위로 받아들였다는 사실에 좀 얼떨떨했지만, 나는 북서쪽으로 150킬로미터쯤 떨어진 매디슨의 위스콘신 대학교의 대학원생이 되었다. 그때가 1958년이었다. 임신한 상태로 수업 시간에 꾸벅꾸벅 졸면서 나는 두 학과에서 세포학과 유전학을 공부했다. 한 곳은 나를 가장 필요로 하는 교양학부에 속한 동물학과였는데, 조교 생활도 겸했다. 다른 한 곳은 농과 대학에 속한 유전학과였다. 나는 지도 교수인 제임스 크로(James Crow)에게서 일반 유전학과 집단 유전학을 배웠다. 나는 크로의 일반 유전학 강의에 깊이 매료되었다. 그 강의는 내 인생을 바꾸어 놓았다. 시카고 대학교를 졸업할 때는 그저 유전학을 공부하고 싶다는 생각을 하고 있었지만, 크로의 수업을 듣고 나서는 내가 공부하고 싶은 것이 유전학뿐임을 깨달았다. 나는 유전학이 인간보다 앞서 등장한 초기 생명체들의 이야기, 즉 진화를 재구성하는 방법이라는 것을 알아차렸다. 큰아들 도리언과 함께 『마이크로 코스모스(*Micro Cosmos*)』●를 쓰고 있을 때, 아들의 요청에 따라 보스턴 지하철 매사추세츠 에버뉴 역으로 가서 낡은 지하철 노선도에 그려진 낙서들을 본 기억이 난다. 검은색으로 커다랗게 이런 질문이 적혀 있었다. "무질서한 아메바들은 어디에서 왔는가?" 그것을 보고 나는 깔깔 웃어댔다. 어두운 지하철역의 때묻은 벽에, 내 생명 탐구의 핵심이, 내 연구의 목표가 적혀 있었다.

지금도 나는 먼 옛날 생명이 출현하던 때를 생각한다. 그 초창기에 지구의 생명에 어떤 일이 일어났던 것일까? 그 첫 강의를 들은 뒤, 나는 '돌연변이 부하', '적응도', '선택 계수' 같은 지나치게 추상적인 신다윈주의 개념들에 집착하는 집단 유전학이 실제 생물들이 유전자를 전달하고 진화하는 규칙에 대한 설명이라기보다는 종교에 더 가깝다고 느꼈다.

당시에는 유전자가 각 식물 세포와 동물 세포의 핵에 들어 있으면서, 대개 변화하지 않은 채 자손에게 전달된다고 보았다.

● 머리말의 주 1 참조.

우리는 상세한 질의 응답과 크로의 탁월한 강의를 통해 유전자들이 자손의 형질을 결정한다는 것을, 아니 사실상 지배한다는 것을 어렵지 않게 이해했다.

핵가족에서 내조하는 아내 역할이나 편집광처럼 세포핵에만 초점을 맞춰 연구하는 것은 내게는 체질적으로 맞지 않았다. 많은 아내들이 그렇듯이 내 관심사도 분열되어 있었다. 친구인 메리 캐서린 베이트슨(Mary Catherine Bateson)은 현대 여성을 "주변인"이라고 표현한다. 여성은 살아남으려면 다방면에 관심을 기울여야 한다. 베이트슨은 한 팔로 아기를 안고, 다른 팔로 냄비를 저으면서, 눈으로는 기어다니는 다른 아기를 지켜본다고 말한다. 지금도 그렇지만 당시에도 정치가든 여성 운동가든 이런 다중적인 스트레스를 없애고 싶다는 말을 하는 사람은 없었다.

내 연구는 처음부터 주류에서 벗어나 있었다. 나는 남들이 무시하던 핵 바깥에 있는 세포 구조물(세포 소기관)에 자리한 유전 체계를 연구했다. '세포질 유전자'는 처음 알게 된 순간부터 나를 매료시켰다. 세포질은 세포의 액상 부분이며, 거기에는 미토콘드리아와 엽록체를 비롯한 세포 소기관들이 들어 있다.[2] 지금도 그렇지만 당시에 유전자는 핵에 집중되어 있다고 여겨졌다. 세포질 유전자는 혼동을 일으키고 있었기에, 그들의 존재를 입증하려는 실험들은 불완전하게 서술되고는 했다. 세포질 유전자에 관심을 보인 사람은 내가 처음이 아니었다. 사실 세포 유전학, 혹은 당시 불리던 명칭인 '세포질 유전'을 연구하던 많은 초창기 연구자들은 이 유전자들이 있다고 보았다. 현재 토론토 근처 요크 대학교 교수로 있는 잰 샙(Jan Sapp)은 『연합을 통한 진화(Evolution by Association)』에서 유전학의 이 하위 분야의 발달사를 탁월하게 서술했다.[3] 세포질 유전학은 20세기 초반 처음 10년, 세포핵 유전학 연구가 시작된 것과 같은 시기에 시작되었다. 두 탐구 계통은 그레고어 멘델(Gregor Mendel)의 연구가 재발견되면서 시작되었다. 멘델의 연구는 세포핵 유전자만을 다룬 것이다. 정원 가꾸기를 좋아하던 보헤미아 지방 수도사 멘델은 완두의 여러 형질들이 유전되는 양상에서 규칙성을 발견하고서 유전자가 존재한다고 추론했고, 그것을 '인자(factor)'라고 불렀다. 그의 연구는 1860년대에 이루어졌지만, 그가 세상을 떠나고 나서 한참 뒤인 1900년에야 세 명의 과학자가 재발견했다. 멘델은 '유전학의 아버지'라고 불림으로써 전형적인 방식으로 찬사를 받고 있다. 멘델의 세포핵 인자들(나중에 세포핵 유전자로 불리게 된)을 발견하고 기뻐했던 초기 유전학 연구자들은 비핵(즉 세포질) 유전 체계가 있음이 밝혀지자 당혹스러워했다. 프랑스로 망명한 러시아 효모 유전학자 보리스 에프루시(Boris Ephrussi)는 "핵과 불명확함(nuclear and unclear), 두 종류의 유전 체계가 있다."라고 비꼬았다. 물론 '불명확함'은 세포질을 가리킨 것이었다.[4]

세포라는 미시 세계의 변두리에서 시작된 것이 지금은 중심 무대로 더 가까이 이동했다. 진화에서 공생이 중요하다는 것을 알게 되자 동물들의 유혈 투쟁이라는 이전의 핵 중심 진화관을 수정하지 않을 수 없었다. 자연이 개체의 고통에 무심한 채 '이빨과 발톱을 붉게 물들이고' 있을지도 모르지만, 그렇다고 해서 서로 다른 생명체들의 불편한 동맹으로 시작된 공생이 주요 진화적 새로움의 기원이라는 사실이 배제되는 것은 아니다. 인간과 다른 동물들의 의식뿐만 아니라, 생물학적 아름다움과 복잡성은 공진화하는 아주 작은 세균 조상들을 통해 이어져 내려온 특성들이다. 인간의 그 어떤 성적 측면보다도 훨씬 더 심오한 세포들의 얽힘, 침투, 동화가 봄의 녹조류 대발생과 따뜻하고 습한 포유류의 몸, 지구 전체의 생물 망에 이르기까지 모든 것을 만들어 냈다. 30년이 흐른 지금 공생 발생은 세포질 유전학을 변두리에서 유전자 연구의 중심으로 이동시키고 있다.

수도원장인 멘델은 '인자'가 있다고 가정했다. 나중에 그것은 세포핵 유전자라고 불리게 된다. 멘델은 수도원 채마밭에서 키운 완두씨들이 색깔이 다르고(노랑과 초록) 모양도 다른(주름진 것과 매끄러운 것) 이유가 이 인자들 때문이라는 가정 아래 이론을 세웠다. 다른 과학자들과 마찬가지로 멘델의 목적은 유전이 절대 불변임을 보여 줌으로써, 모든 종의 가변성이라는 찰스 다윈의 개념을 반박하는 것이었다. 바하마 제도 나소 섬 출신의 이름을 기억할 수 없는 어느 아마추어 과학사가의 탁월한 미발표 원고에 따르면, 멘델은 종이 변하고 진화한다는 증거를 전혀 찾지 못했다. 붉은 수꽃과 흰 암꽃은 분홍 꽃을 피울 씨를 맺었다. 하지만 그 분홍 암꽃과 분홍 수꽃을 교배해서 나온 꽃들은 조부모 세대와 똑같이 붉은 꽃이거나 흰 꽃이었다. 동기가 무엇이었든 멘델의 인자들은 변하지 않는 특징들이 유전되는 현상과 관계가 있었다. 게다가 그 가상의 인자들은 오로지 핵막 안에 들어 있는 붉은색으로 염색되는 염색체들의 행동과 관계가 있었다. 내 동료인 잰 샙은 결코 빛을 보지 못할 다년간의 연구 결과가 담긴 서류를 한 아름 안고 쭈뼛거리며 내 사무실로 들어왔던 미지의 여성들과 비슷한 태도로, 멘델의 연구를 분석한 결과를 발표했다.

동물 세포와 식물 세포의 핵 속에 들어 있는 작은 구조물들인 염색체는 1953년 디옥시리보핵산(DNA)의 구조가 발견되기 오래전부터 알려져 있었다. 내가 과학계에 발을 디딜 무렵에는 이미 유전의 염색체 이론이 진리라고 인정을 받은 상태였다. '이론'이라는 칭호는 버려지고 사실이라고 가르쳤다. 즉 유전자는 '염색체에 있다'고 말이다. 세포의 핵 속에 꾸려 넣은 가상의 유전자들이 염색체에 있다는 증거는 명백했다. 이 유전자들은 멘델의 이론상의 인자들과 정확히 들어맞았다. 그것들은 규칙에 따라 행동했고, 식물의 붉은 꽃, 흰 꽃, 분홍 꽃 그리고 그에 상응하는 동물의 유전적 특징들을 결정했다. 형질 결정 유전자들이 핵에 들어 있다는 증거는 새로 밝혀진 유전 지식을 '유전의 염색체 원리'라고 요약할 수 있을 정도로 확고하다고 여겨졌다.

1950년대 중반 이후로, 주류 생물학자들, 당시의 명칭에 따르면 '생화학적 및 생물리학적 세포학자들'은 멘델 인자를 구성하는 실제 물질, 즉 구체적인 '물질적 토대'를 탐구하면서 흥분에 휩싸였다. 붉게 염색되는 염색체는 무엇으로 이루어져 있을까? 유전의 화학은 무엇일까? 고딕 소설이나 과학 소설에서처럼 과학이 생명의 비밀을 밝혀내고 있을 당시에는, 그런 탐구를 하면서 거의 파우스트적 전율을 느꼈다고 해도 과장이 아니다. 출발은 잘못되었지만 세포와 핵의 내부 구조에 대한 이해가 깊어지면서, 결국 그들은 장엄한 성공을 거두게 되었다. 쉴새없이 활동하는 세포의 기본 화학이 밝혀졌다. 음식 분자로부터 단백질이 합성되고 핵산이 복제되었다. 이런 화학 활동들이 모든 생명의 물질 대사의 토대였다.

하지만 난자는 유전자로 가득한 핵을 담은 주머니가 아니었다. 발생학자들과 식물학자들이 계속 지적해 온 것처럼, 식물과 동물의 난자 세포에서는 핵에 있지 않은 세포질 유전자들, 즉 세포질 인자들도 형질에 통제력을 발휘했다. 핵 바깥의 인자들이 산소 호흡과 잎의 색깔에 깊이 관여한다는 것이 드러났다.

다시 말해 유전자가 반드시 핵에만 있는 것은 아니다. 식물과 동물의 세포 유전 인자들 중에는 흩어져 있는 것들도 있다. 초창기에 독일과 영국에서 생화학 연구가 이루어진 1930년대 이래로, 효모를 비롯한 균류의 미토콘드리아가 자체 유전자를 지니고 있다는 것이 확고한 사실로 받아들여졌다. 이 작은 세포 소기관은 공기의 산소 기체와 먹이 분자가 반응하여 화학 에너지가 생성되는 곳이다. 녹조류와 식물 세포에는 초록색을 띤 엽록체라는 구조물이 들어 있다. 엽록체는 햇빛을 유용한 화학 에너지와 식량으로 바꾸는 광합성이 일어나는 곳이다. 엽록체도 자체 유전자를 지닌다. 엽록체는 20세기에 들어섰을 때 멘델의 유전자를 각각 독자적으로 재발견한 두 식물학자 휘고 드브리스(Hugo. De Vries)와 카를 코렌스(Carl Correns)가 발견했다. 엽록체는 부모 중 한쪽, 대개 모계로부터 물려받으며, 식물을 초록색을 띠게 만든다. 엽록체의 유전은 비핵 유전이다.

"유전이라는 관점에서 볼 때, 세포의 세포질은 무시해도 별 문제가 없다." 컬럼비아 대학교 교수이자 유전학의 창시자 중 한 명인 토머스 헌트 모건(Thomas Hunt Morgan)이 1945년 자신 있게 쓴 이 문장을 처음 읽었을 때 나는 그것이 오만에서 비롯된 지나친 단순화라고 생각했다.[5] 세포 전체, 생물 전체를 다룰 때에는 늘 핵과 세포질을 더한 세포 유전을 생각해야 한다.

칼이 청춘기에 나를 과학으로 전향시키는 데 주된 역할을 했다면, 더 중요한 역할을 한 것은 아마 시카고 대학교라는 '그 대학'일 것이다. 내가 받은 과학 교육에서 중요한 첫 단계는 '자연과학 2'라는 1년짜리 강의였다. 자연과학 2에서 생물학 반에 속한 학생들은 교과서 대신 위대한 과학자들이 직접 쓴 글을 읽었다. 찰스 다윈, 그레고어 멘델, 20세기 초 20년 동안 활발한 활동을 한 독일 발생학자 한스 슈페만(Hans Spemann)과 수정 현상의 공동 발견자이자 '생식질의 연속성'을 가정한 아우구스트 바이스만(August Weismann) 등. 또 우리는 영국의 수학자 겸 유전학자 고드프리 하디(Godfrey H. Hardy), 존 홀데인(John S. Haldane), 로널드 피셔(Ronald A. Fisher) 같은 영어권 신다윈주의자들의 글도 읽었다. 하디, 홀데인, 피셔 등을 비롯한 여러 과학자들은 신다윈주의를 지탱하는 주요 기둥 중 하나인 집단 유전학의 수학 원리들을 개발했다. 자연과학 2는 집단 유전학, 발생학을 비롯한 다양한 개념들을 생각하도록 자극했다. 유전이란 무엇인가? 세대를 잇는 것은 무엇일까? 난자와 정자가 융합할 때 물질들이 어떻게 온전한 동물로의 발달을 자극할까? 자연과학 2에서 배웠듯이, 과학은 교양 학문, 하나의 사유 방식이었다. 우리는 과학을 통해서 중요한 철학적 질문들의 해답을 찾아나가는 방법을 배웠다. 자연과학 2 수업 때 처음 나를 사로잡았던 심오한 유전 문제들은 지금까지도 나의 생각을 자극한다.

시카고 대학교가 자랑하던 최고의 과학, 즉 정직하고 개방적이고 접근이 쉽고 열정적인 방법들의 집합은 현대의 '기술 중심' 사고방식에서는 아예 존재할 수 없을 듯하다. 그곳의 과학은 끊임없이 철학과 과학이 융합하는 지점에 있는 심오한 의문들을 던지도록 자극했다. 우리는 누구인가? 우주와 우리는 무엇으로 이루어져 있는가? 우리는 어디에서 왔는가? 우리는 어떻게 움직일까? 이런 '색다른' 교육 풍토가 내가 과학자의 길을 선택하는 데 기여했다는 것은 의심의 여지가 없다.

자연과학 2 강의 자료를 읽을 때, 나는 마음의 귀로 위대한 생물학자들의 목소리를 들었다. '거대한 섬모충'인 나팔벌레를 해부하는 밴스 타타(Vance Tartar), 핵의 우월성을 확립한 토머스 헌트 모건, 생명을 '돌연변이, 번식, 돌연변이의 번식'으로 정의한 허먼 멀러(Hermann J. Muller), 초파리를 대상으로 유전자, 염색체, 환경, 진화사의 연관성을 끝없이 탐구한 테오도시우스 도브잔스키, 컬럼비아 대학교의 이른바 '파리방'에서 담배 파이프를 입에 물고 다양한 초파리들의 특징들을 결정하는 인자를 찾아내기 위해 염색체의 염기들을 분석하던 앨프리드 스터터번트

(Alfred H. Sturtevant). 유전학과 진화, 유전학자들과 진화학자들은 오래전에 세상을 떠난 사람들까지도, 그들의 글에 시선을 가져가는 순간 내게 주문을 걸었다. 20세기 전반의 미국 유전학파들이 일구어 낸 잘 짜인 과학 체계를 접하고 난 후 나는 생물학, 특히 유전학 사상의 역사가 어떠한지 감을 잡을 수 있었다. 처음부터 화학적 설명이 필요하다는 것이 명확해졌다.

진화에 매료되기 시작한 것도 자연과학 2를 통해서였다. 테오도시우스 도브잔스키는 내가 처음 그의 글을 읽었을 당시에도 컬럼비아 대학교에서 여전히 활발하게 활동하고 있었다. 그는 "생물학은 진화의 관점에서 보지 않으면 아무런 의미가 없다."라고 썼다.[6] 단순히 말해 시간에 따른 변화라고 정의되는 진화는 살아 있는 유산인 우리의 복잡하게 뒤얽힌 역사에 초점을 맞추게 한다. 진화학은 인간을 포함한 생명, 우리의 몸과 기술뿐만 아니라 우주와 별까지 포함하는 방대한 것이다. 진화는 그저 모든 것의 역사다.

대학생일 때에도 나는 핵에 있는 유전자들이 식물과 동물의 모든 특징들을 결정한다는 생각이 너무 단순하고, 너무 환원주의적이고, 너무 제한적이라고 느꼈다. 무작위 유전자 돌연변이가 어떻게 꽃과 눈의 진화로 이어질 수 있었을까? 칼을 따라 위스콘신으로 가서 매디슨에서 생물학 공부를 계속하면서 나는 그런 회의주의가 옳다는 확신을 얻었다. 세포를 갈아서 그 안의 화학(대사)을 살펴보는 것보다 살아 있는 세포를 직접 살펴보는 쪽을 선호했던 나는 세포 내의 염색체와 기타 유전되는 세포 소기관들에 흥미를 갖게 되었다. 나는 그들의 유전 양상을 탐구하는 일에 몰두했다.

1963년이 되자 난자의 세포질 인자들에 관한 논문들이 많이 나왔다. 그 논문들을 통해 핵 바깥에 있는 수수께끼 같은 유전자들의 정체가 드러났다. 초록 암크루와 흰 수크루를 교배하면 초록 자손만 나온다. 하지만 같은 종에서 흰 암크루와 초록 수크루를 교배하면 흰 자손만 나온다. 왜 그럴까? 핵 유전자의 유전에서는 암수의 기여도가 똑같으며, 어느 쪽이 암수인지는 중요하지 않다. 난자나 식물 세포가 단지 중요한 유전자들이 담긴 핵을 지닌 주머니가 아니라는 것이 내게는 명확했다. 내가 읽었던 글을 쓴 선배 유전학자들에게도 그러했듯이 말이다. 세포질을 무시하라고 충고한 토머스 헌트 모건의 말은 당시에도 내게는 옳지 않아 보였다.

유전학과 화학의 연계성을 강조하다 보면 과학자들의 시야가 불필요하게 너무 좁아진다는 것, 핵에 지나치게 초점을 맞추게 된다는 깨달음이 내 도약점이 되었다. 나는 루스 세이저(Ruth Sager)와 프랜시스 라이언(Francis Ryan)의 세포질 유전자 연구와 이탈리아 연구자 지노 폰테코르보(Gino Pontecorvo)가 수집한 점균류에 관한 기이한 유전적 사례들을 연구했다.[7] 이들은 두 가지 세포 소기관, 즉 세포 내부에 있으나 핵 바깥에 있는 막으로 둘러싸인 구조물인 색소체와 미토콘드리아가 유전에 상당한 영향을 미친다는 것을 실험을 통해 보여 주었다. 그들의 책에 실린 참고 문헌들을 통해 나는 에드먼드 윌슨(Edmund B. Wilson)이 1928년에 쓴 걸작 『발달과 유전에서의 세포(The Cell in Development and Heredity)』를 접하게 되었다.[8] 윌슨의 책은 색소체와 미토콘드리아 두 세포 소기관과 자유 생활을 하는 미생물들의 유사성을 다룬 초기 문헌들을 검토한 것이었다. 그것이 계기가 되어 나는 공생 문헌들에 언급된 미생물들을 연구하게 되었다. 자연에 공생하는 생물들이 많다는 것, 특히 곤충이나 연충의 세포 안이나 곁에서 함께 살아가는 세균들이 많다는 것을 알고서, 나는 윌슨이 언급한 초기 연구자들에게 흥미를 갖게 되었다. I. E. 월린(I.

E. Wallin), K. S. 메레슈코프스키(K. S. Merezhkovsky), A. S. 파민친(A. S. Famintsyn) 같은 사람들이었다. 그 이야기는 러시아 식물학자 리아 니콜라예프나 카키나(Liia Nikolaevna Khakhina)의 걸작에 언급되어 있다.[9] 나는 자체 유전되는 비핵 세포 부분이 한때 자유 생활을 하는 세균의 잔재라는 가설을 세운 그들이 옳다고 직감했다. 세포에 이중의 유전 체계가 있다는 것이 내게는 명백해 보였다. 나중에 나는 메레슈코프스키도 같은 확신을 갖고 있었다는 것을 알게 되었다.

1960년 나는 버클리에 있는 캘리포니아 주립 대학교 유전학과 대학원에 입학했다. 22세였고 잠시도 가만 있으려 하지 않는 두 아들의 엄마가 되어 있었지만, 세포 유전학과 진화를 공부하겠다는 열정이 가정주부로만 있겠다는 생각을 압도했다. 남편보다 내가 더 아이를 원했다. 부모님과 달리, 나는 위스키와 시가, 포커와 브리지, 모임과 술수, 잡담과 골프 같은 것들에 참기 어려울 정도의 따분함을 느꼈다. 나는 심한 책벌레에다가 진지했고 학구적이었으며, 정상적인 어른들의 세계보다 아기, 진흙, 나무, 화석, 강아지, 미생물과 함께 하는 것을 더 좋아했다. 지금도 여전히 그렇다.

버클리에서는 진화를 연구하는 고생물학과와 진화를 거의 언급하지 않는 유전학과 사이에 인적 왕래가 전혀 없었다. 세포의 진화사를 상세히 조망하기 위해 진화, 고생물학, 유전학의 모든 측면들을 공부하고 싶었던 나는 처음에 이 학계의 극심한 분리주의를 접하고 큰 충격을 받았다. 각 학과는 자기 테두리 너머에는 사람들이나 학문 분야가 아예 없다는 듯이 행동했다. 게다가 교정 동편에 자리한 세균-바이러스 연구소(BVL)의 세균 유전학자들은 거의 모두 화학자 출신이었기 때문에, 대부분 식물과 동물 세포의 유전학은 아예 몰랐다. 세포에 핵과 함께 있는 세포 소기관들이나 세포질 유전에 관해 들어본 사람조차 드물었다. 교정 끝자락에 있는 그곳의 세균 유전학자, 미생물학자, 바이러스학자 중에서 조류 세포질의 유전 체계에 관해 조금이라도 아는 사람은 없었다. 바이러스 연구에 지나치게 몰두한 나머지 핵이 있는 세포 특유의 세포 분열 방식인 체세포 분열조차 이해하지 못하는 사람들도 있었다. 그들은 멘델 유전 법칙의 토대이자 특수하게 변형된 체세포 분열인 감수 분열을 생각해 본 적도 가르쳐 본 적도 없는 것이 확실했다. 핵을 지닌 생물에만 적용되는 유전에 관해 거의 아무것도 모르는 사람들도 많았다. 물리학과 화학을 전공했다가 나중에 생물학자로 변신한 이들은 지나칠 정도로 오만한 나머지 자신들이 모른다는 것조차 모르고 있었다. 많은 교수들이 화학적으로는 해박한 지식을 자랑했지만 생물학적으로는 무지했고, 대학원생들에게 거만했다. 세균-바이러스 연구소의 교수진과 학생들은 심지어 당시 전성기를 구가하고 있던 유전학 분야인 섬모충 유전학에서 세포질 유전이라는 흥미진진한 연구가 이루어지고 있다는 소식조차 들은 적이 없었다. 교정 서쪽 끝에 있는 유전학과 사람들조차 내가 무척 흥미를 느끼고 있었던 섬모충 유전학을 모르고 있었다. 나는 그런 그들의 무관심과 무지에 놀랐지만, 그래도 의욕을 꺾지 않았다. 나는 섬모충의 일종인 짚신벌레의 유전학과 그 분야를 이끌고 있던 트레이시 소너본(Tracy Sonneborn, 1895~1970년)에게 매료되어 있었다. 그의 책을 처음 읽었을 때부터였다. 소너본과 그의 프랑스 동료인 자닌 베송(Jannine Beisson)은 획득 형질이 유전될 수 없다는 보편적인 교리에 완전히 반대되는 현상을 발견했다. 오랫동안 인디애나 대학교의 유전학 교수로 있던 소너본과 베송은 짚신벌레의 섬모들을 한 뭉텅이 밑동까지 도려내어 180도 돌려서 다시 붙이면, 아주 오랜 세대까지 자손들에게 그렇게 뒤집힌 형태의 섬모들이 나타난다고 발표했다. 다시 말해서 섬모는 복제되고 과학자들이 실험을 통해 일으킨 변화도 유전되었다. 적어도 200세대 동안은 계속 유전되었다. 정통 견해가 라마르크주의라고 치부했던 이른바 획득 형질의 유전이 실험실에서 이루어진 사례였다.

때가 때였던지라 그런 세세한 사항들을 연구하는 일은 고독한 지적 탐구가 될 수밖에 없었다. 1960년대 사회가 점점 더 정치적 성향을 띰에 따라, 학계에서도 지적 탐구의 결과를 인간의 복지와 관련지어서 평가해야 한다는 '관련성(relevance)' 이야기가 점점 더 많이 나왔다. 이런 분위기에서 세포 유전 양상에 대한 나의 관심은 반사회적인 것이었다. 나는 그 문제에 매료되어 있었지만, 교수들과 대부분의 동료 학생의 눈에는 부적절한 것으로 비쳤다.

버클리의 세균 유전학자들에게 실망하긴 했어도, 유전학은 내게 여전히 진화사의 열쇠처럼 여겨졌다. 나는 다양한 종들에서 비(非)멘델(비핵) 유전의 사례들을 더 많이 수집했다. 등골나물, 옥수수, 분꽃, 달맞이꽃 같은 식물들, 클라미도모나스 같은 조류들. '아담한 것들'이라고 불리던 산소 호흡을 할 수 없는 비핵 돌연변이 효모들도 연구했다. 그것들은 성장 속도가 느리고 작은 군체를 형성한다. 또 짚신벌레의 '카파킬러(kappa-killer)' 유전 양상도 연구했다. 이 놀라운 현상은 트레이시 소너본의 책에 설명되어 있었다. 그는 일부 짚신벌레들이 유전적으로 다른 개체들을 죽이는 성향을 지니고 있다는 것을 알아차렸다. 그리고 나는 '비핵' 유전이 '불명확하다'고 느낀 적이 결코 없었다. 엑스선이 유전적 변화(돌연변이)를 일으키는 과정을 밝혀낸 공로로 노벨상을 받은 유전학자 허먼 멀러(Herman J. Muller, 1890~1967년)는 적어도 원리상 생명의 중심에 벌거벗은 유전자들이 존재한다고 주장했다. 그러나 그의 연구가 매우 탁월한 것이었음에도 불구하고, 나는 식물이나 동물 세포의 핵 바깥에 "벌거벗은 유전자"가 존재한다는 것을 입증한 사람이 있었을 것이라고는 믿지 않았다. 나는 프랑스 해양 생물학자인 에두아르 샤통(Edouard Chatton, 1883~1947년)과 하버드 교수인 레뮤얼 로스코 클리블랜드(Lemuel Roscoe Cleveland, 1892~1969년)의 좀 오래되었지만 뛰어난 연구 결과를 꼼꼼히 살펴보았다. 트레이스 소너본의 많은 논문들도 읽었다. 소너본은 글을 아주 잘 썼고 일할 때 혼자 중얼거리는 습관이 있었다. 나는 인습 타파주의자이자 헌신적인 교수인 위스콘신 대학교의 한스 리스(Hans Ris)가 매디슨에서 전자 현미경으로 찍은 고해상도 세포 소기관 사진들을 열심히 찾아서 복사했다.

이런 갖가지 자료들은 내 직감이 옳았음을 구체적으로 보여 주었다. 벌거벗은 유전자는 아니었지만, 일부 원생생물, 효모, 심지어 식물과 동물의 세포에서도 핵 바깥에 세균들이 살고 있었다. 세포질 유전학 문헌들을 검토하면 할수록, 막에 둘러싸인 세포 소기관이 적어도 세 종류가 있었고(색소체, 미토콘드리아, 섬모), 모두 핵 바깥에 있으며, 행동이나 대사를 볼 때 세균과 비슷하다는 것이 명백해졌다. 실제로 세포에 갇힌 세균과 세포의 일부로서 유전되는 세포 소기관을 구분하는 것 자체가 불가능해 보이는 경우도 있었다. 식물 세포의 세포질에 자리잡고 살기 위해 세포벽을 벗어던진 시아노박테리아는 사람들이 엽록체라고 부르는 세포 소기관과 똑같아 보였다.

이렇게 세포 소기관의 유전학 문헌들을 뒤지는 지적 탐구를 계속하다가 대담해진 나는 갇힌 세균의 후신인 색소체에 틀림없이 세균 DNA가 일부 남아 있을 것이라고 예측했다.

버클리의 캘리포니아 주립 대학교 유전학과에서 도서관을

뒤지면서 시작된 그 일은 지금까지도 계속되고 있다. 나는 지금도 미생물 공생자와 막에 둘러싸인 세포 소기관에 관한 과학 논문들을 탐욕스럽게 긁어모으고 있다. 학생들과 나는 지금도 그 핵심 개념을 연구한다. 공생하는 세균들이 진화적으로 통합됨으로써 진핵세포가 기원했다는 개념 말이다.

내 '연속 세포 내 공생 이론'이 처음으로 완성된 형태로 발표된 것은 갖가지 이유로 논문이 15번쯤 거부당하고 난 뒤였다. 그 과정에서 처음의 대단히 난삽하고 거친 원고는 대폭 수정되었다. 「체세포 분열하는 세포들의 기원(Origin of Mitosing Cells)」이라는 그 논문은 《이론 생물학회지(Journal of Theoretical Biology)》의 편집자인 제임스 대니얼리(James F. Danielli)의 개인적 노력 덕분에 1966년 마침내 게재 승낙을 받았다. 물론 1967년 말 그 논문이 마침내 인쇄되어 나왔을 때 저자 이름은 결혼 후에 바뀐 성을 써서 린 세이건이라고 기재되어 있었다. 그 이론은 한 원생생물 애호가 덕분에 SET(Serial Endosymbiosis Theory)라는 약자로 불렸다(외계 지적 생명체 탐사를 뜻하는 SETI와 혼동하지 말도록). 그는 밴쿠버에 있는 브리티시컬럼비아 대학교의 교수 맥스 테일러(Max Taylor)였다.

1969년 재혼을 하고 딸 제니퍼를 임신하자, 어쩔 수 없이 장기간 집에 틀어박혀 지내게 되었다. 그렇게 집에 있게 되자 방해받지 않고 사색에 잠길 수 있었다. 그 결과 네 부분으로 된 SET 체계를 더 명확한 형태로 수정하여 확장할 수 있었다. 세포의 기원 이야기는 1967년 논문으로 시작되어 확대를 거듭하다가 결국 책 분량의 원고로 늘어났다. 나는 계약한 마감 날짜에 맞추기 위해 숱한 밤을 늦게까지 타자를 치고는 했다. 나는 거의 무명이었기에 많은 사진들을 제공했지만 계약금도 대가도 받지 못했다. 모든 도움은 집에서 받았다. 마침내 생각했던 것을 최종 원고로 완성했다. 뿌듯하면서도 한편으로는 걱정하면서, 나는 아이들의 목소리가 채 들리기 전에 일찍 일어나 원고를 잘 포장한 뒤, 그림들이 곳곳에 삽입된 무거운 원고를 계약한 출판사에 부쳤다. 뉴욕의 아카데믹프레스였다. 소포를 받았는지 알지 못한 상태에서 나는 기다렸다. 무작정 기다렸다. 어느덧 다섯 달이 지났다. 어느 날 내 소포가 겉에 우편 요금 지불 딱지가 붙은 채 아무런 설명도 없이 내 우편함에 들어와 있었다. 훨씬 뒤에야 나는 편집자를 통해서가 아니라 다른 경로를 통해서, 동료 심사(peer review) 결과가 대단히 부정적이어서 출판사가 원고를 몇 달 동안 끌어안고 있었다는 소식을 들었다. 그 뒤 출판사로부터 정식으로 거절 통지서가 왔다. 설명은 전혀 없었다. 심지어 정식 거절 통지서에 으레 따라붙게 마련인 편집장이 서명한 편지조차도 없었다. 1년 넘게 더 지난 뒤, 제니를 돌볼 때보다 훨씬 더 고통스럽고 긴 노력 끝에, 멋지게 편집된 책이 예일 대학교 출판부에서 나왔다. 맥스 테일러를 비롯한 관대한 동료들의 서평과 비평 덕분에 연속 세포 내 공생 이론은 널리 알려졌고, 마침내 아카데믹프레스로부터 거절을 받았을 때의 상처가 아물었다.

SET는 1970년대와 1980년대 내내 내가 잘 모르는 많은 과학자들과 대학원생들의 실험 의욕을 자극했다. 그들은 분자생물학, 유전학, 고해상도 현미경을 이용한 연구를 통해 식물과 동물뿐만 아니라 곰팡이와 핵이 있는 세포로 이루어진 모든 생물들의 세포가 서로 다른 종류의 세균들이 특정한 순서로 융합됨으로써 유래했다는, 한때 급진적으로 여겨졌던 19세기의 개념을 입증하는 결과들을 내놓았다. 공동 거주를 보여 주는 사례가 점점 더 많아졌고 널리 퍼져 있다는 것이 드러났다. 내 SET의 가장 최신판은 그림 2에 나와 있다. 지금 나는 SET를 좀 온

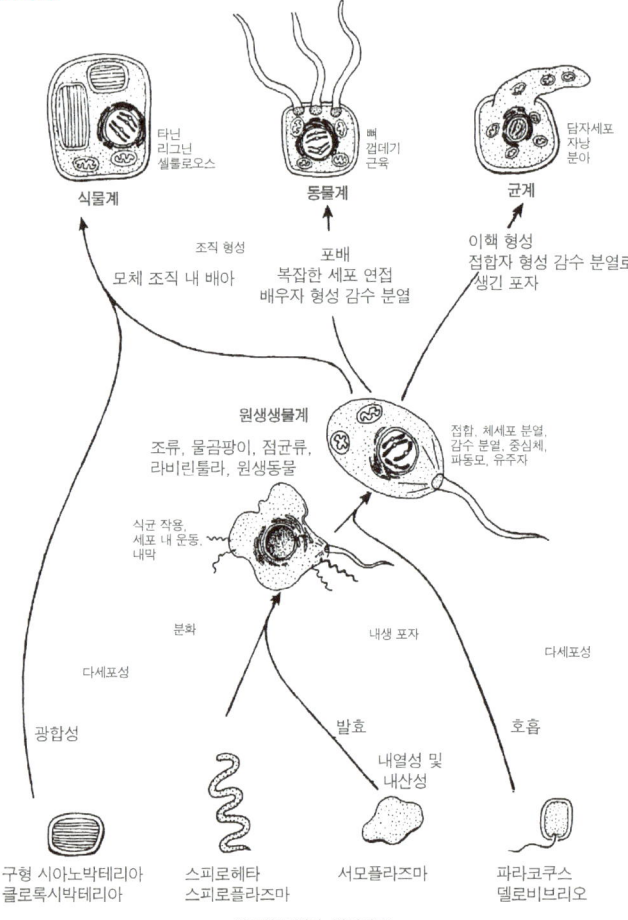

그림 2
SET(연속 세포 내 공생 이론)의 계보

건하게 수정한 이론이 고등학교와 대학 교과서에 밝혀진 진리라고 실려 있는 것을 보고 놀라고 있다. 놀라지 않았다면 당혹스러웠을 것이다. 그 설명은 너무 교조적이고, 자칫 오해를 불러일으킬 수 있으며, 논리적이지 않고, 솔직히 말해 잘못 적힌 부분도 있다. 과학 자체와 달리, SET는 지금 무비판적으로 받아들여지고 있다. 어느새 그렇게 되었다.

SET는 역사와 능력이 각기 다른 세포들이 융합한다는 이론, 하나됨의 이론이다. SET 이전에는 난자와 정자의 수정 같은 세포 융합 성(cell-fusion sex)을 다룬 이론이 없었다. SET는 융합 성을 가능하게 했다. 성도 역사와 능력이 서로 다른 세포들이 융합하는, 하나가 되는 것이다.

3
개체는 합병에서 태어났다

내 문제를 굴복시키면

또 다른 문제가 다가오지.

내 것보다 더 큰—더 평온한

더 장엄한 합들을 수반하는(69)

1873년 독일 생물학자 안톤 데바리(Anton deBary)가 만든 용어인 공생은 종류가 다른 생물들이 함께 살아가는 것을 말한다. 데바리는 공생을 "다른 이름을 가진 생물들이 함께 살아가는 것"이라고 정의했다. 장기적인 동거는 공생 발생을 낳기도 한다. 즉 새로운 몸, 새로운 기관, 새로운 종을 출현시킨다. 나는 진화적 새로움이 대부분 공생의 직접적인 산물이었으며, 지금도 그렇다고 믿는다. 대다수 교과서에 진화적 변화의 토대라고 실려 있는 주류 개념과 다르기는 하지만 말이다.

식물, 동물, 그리고 기타 진핵세포들이 공생 발생에서 기원했다는 내 이론은 증명할 수 있는 네 가지 가정을 이용한다. 네 가정은 모두 공생 발생, 합병, 공생을 통한 몸의 융합을 포함한다. 그 이론은 과거에 틀림없이 일어났을 단계들을 정확히 개괄한다. 식물의 녹색 세포를 보면 그것을 잘 알 수 있다. 물론 익히 알려져 있다시피 세포는 이끼와 고사리를 비롯한 모든 식물들의 구조 단위다. 큰자주달개비속(*Zebrina*)과 자주달개비속(*Tradescantia*)의 꽃에서 유별나게 눈에 잘 띄는 가느다란 수술들은 그런 식물 세포들이 줄지어 늘어서서 만들어진다. 세포벽이 있는 커다란 녹색 세포들은 식물보다 먼저 있었다. 그들은 이미 녹조류에서 완전히 형성되어 있었다. 녹조류는 식물의 조상으로서 물에 산다. 융합을 통해 진화한 진핵생물들 중에서 가장 파악하기 쉬운 것은 식물이다. 크고 아름다운 세포 속에 들어 있는 세포 소기관들을 고스란히 쉽게 관찰할 수 있기 때문이다. 개념은 간단하다. 한때 서로 완전히 독립적이었으며 물리적으로 떨어져 있던 네 조상들이 일정한 순서로 융합하여 녹조류 세포가 되었다는 것이다. 넷 다 세균이었다. 네 세균은 서로 달랐으며, 어떻게 달랐을지 지금도 추론할 수 있을 정도다. 융합된 종류든 자유 생활을 하는 종류든 그 네 종류의 후손들은 지금도 살고 있다. 어떤 사람은 네 종류가 서로 예속되어 식물에 들어 있는 상태이자 식물로서 갇혀 있는 상태라고 말한다. 예전에 세균이었던 각각은 조상에 관한 단서들을 제공한다. 생명은 화학적으로 대단히 보존성이 좋으므로 그들이 어떤 순서로 융합되었는지를 추론할 수 있다. 연속 세포 내 공생 이론에서 연속이라는 말은 융합이 순서대로 이루어졌다는 것을 가리킨다.

나는 지금은 많은 과학자들과 학생들이 세포의 일부인 세포 소기관들이 서로 다른 영구 공생의 결과임을, 즉 공생 발생에서 기원했음을 납득했다고 믿는다. 물론 그 이론의 증거들 중에 내가 내놓은 것은 거의 없다. 대부분 다른 수백 명의 과학자들이 기여한 것이다. 현재 나는 세포보다 더 큰 생물들과 그들의 새로운 기관과 새로운 기관계 역시 공생 발생을 통해 진화했다는 것을 보여 주기 위해 그 개념을 확장하는 연구를 하고 있다.

공생자들이 완전히 융합되어 새로운 존재를 만든다면, 그

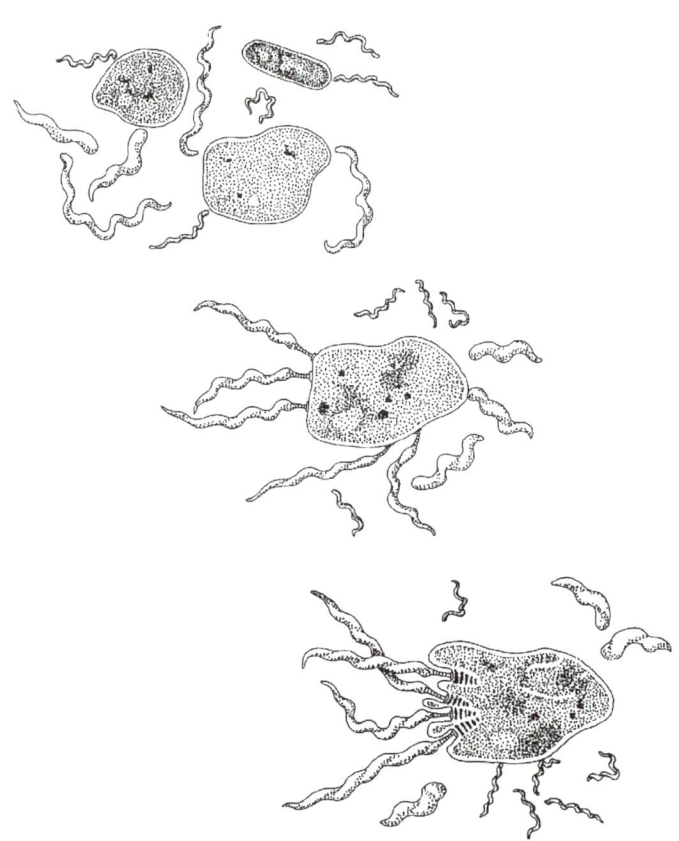

그림 3
스피로헤타가 파동모가 되는 과정.

새 '개체', 즉 융합의 결과물은 정의상 공생 발생을 통해 진화한 것이다. 공생 발생이라는 개념은 한 세기 전에 등장했지만, 그 이론을 엄밀하게 검증할 도구들이 나온 것은 최근이다.

가능한 한 간략하게 그 개념을 개괄해 보기로 하자. 우선 황과 열을 좋아하는 발효성 '고세균(또는 '호열산세균')'이 유영성 세균과 융합했다. 하나가 된 융합체의 두 구성 부분은 함께 핵 세포질(nucleocytoplasm)이 되었다. 핵 세포질은 동물, 식물, 곰팡이 세포의 조상들을 낳은 기본 물질이다. 이 최초의 헤엄치는 원생생물●은 현대의 후손들과 마찬가지로 혐기성 생물이었다. 이 생물에게는 산소가 독이었으므로, 이들은 유기물은 풍부하지만 산소가 희박하거나 아예 없는 진흙과 모래, 암석 틈새, 물웅덩이, 연못에 살았다(버섯과 효모는 곰팡이에 속한다.). 동물, 식물, 곰팡이 세포는 모두 핵을 가지고 있다. 그 세포들은 주로 물로 이루어져 있고 투명하기 때문에, 핵이 잘 보인다. 동물과 식물의 핵은 막으로 둘러싸여 있다. 세포가 증식하기 위해 분열할

● 원생생물(핵을 가진 미생물)은 처음 발견되었을 때부터 사람들을 혼란스럽게 만들었다. 113~126쪽 참조.

때 핵막은 용해되어 사라지고 염색체들은 꼬여서 눈으로 볼 수 있게 된다. 염색체는 염색질이라는 붉게 물드는 물질로 이루어져 있는데, 분열할 때면 촘촘하게 꼬여서 눈으로 볼 수 있는 구조물이 된다. 교과서에서는 이 과정을 염색질이 응축되어 눈으로 볼 수 있고 개수를 쉽게 셀 수 있는 염색체가 된다고 설명하고 있다. 염색체의 수는 종에 따라 다르다. 체세포 분열이 진행되는 동안 염색체들은 춤을 추듯이 움직이며, 분열이 끝날 즈음 꼬였던 것이 풀려 다시 염색질이 되어 눈에 보이지 않게 되고, 핵막이 다시 나타난다. 체세포 분열은 최초의 진핵생물들에서 진화했으며, 핵을 지닌 원생생물과 곰팡이 세포들에서 다양하게 변형되어 나타난다. 유영하는 원생생물들에게서 체세포 분열이 진화한 뒤, 자유 생활을 하는 또 다른 미생물인 산소 호흡하는 세균이 그 융합체에 합쳐졌다. 그래서 더 크고 더 복잡한 세포가 생겼다. 산소 호흡을 하는 이 삼자 복합체(산과 열을 좋아하는 세균, 헤엄치는 세균, 산소 호흡을 하는 세균)는 알갱이 먹이를 삼킬 수 있게 되었다. 핵을 지니고 헤엄치고 산소 호흡을 하는 복잡하고 경이로운 이 세포는 약 20억 년 전에 지구에 출현했다.

헤엄치는 혐기성 생물이 산소 호흡 세균을 획득한 이 두 번째 융합에서 등장한, 세 구성 성분으로 이루어진 세포는 대기에 점점 축적되는 자유 산소에 대처할 수 있었다. 섬세한 유영자, 산과 열에 잘 견디는 고세균, 산소 호흡 세균은 융합되어 이제 하나의 개체가 되었고, 증식하여 구름같이 많은 자손들을 퍼뜨렸다.

이 순차적인 복합 세포 형성 과정의 마지막 단계는 산소 호흡을 하는 이 생물이 초록색 광합성 세균을 삼키고 그것을 소화시키는 데 실패하면서 이루어졌다. 이 '합병'은 엄청난 투쟁을 벌인 뒤에야 이루어졌다. 결국 소화되지 않은 초록색 세균은 살아남았고, 그것까지 몸에 지닌 융합체는 번성하게 되었다. 그 초록색 세균은 엽록체가 되었다. 네 번째 동반자인 이 생산적인 햇빛 애호가는 과거에는 별개였던 다른 동반자들과 완전히 통합되었다. 이 최종 융합으로 헤엄치는 녹조류가 생겼다. 고대의 이 유영성 녹조류는 현대 식물 세포의 조상이다. 게다가 각 구성 성분들은 지금까지 살아남아서 헤엄치고, 발효시키고, 산소를 호흡하고 있다.

나는 연속 세포 내 공생 이론의 세부 사항들을 발전시킨 것이 나의 가장 중요한 연구 성과라고 믿고 있다. 그 이론의 핵심 개념은 동물과 식물의 세포들을 비롯하여 진핵세포들의 세포질에 있는 여분의 유전자들이 '벌거벗은 유전자'가 아니라는 것이다. 오히려 그것들은 세균 유전자에서 유래했다. 그 유전자들은 그들이 과거에 격렬하게 경쟁을 벌이다가 협정을 맺었음을 명확히 보여 주는 유물이다. 오래전 다른 세균에게 먹혔다가 소화되지 않고 그대로 갇힌 세균들이 세포 소기관이 되었다. 광합성을 하고 산소를 만드는 초록색 세균은 시아노박테리아라고 하는데, 지금도 연못이나 하천, 진흙탕, 해안에 살고 있다. 그들의 친척들은 무수히 많은 더 큰 생물들과 동거하고 있다. 모든 식물과 조류의 몸속에서 말이다.

초기 식물 유전학자들이 식물 세포의 엽록체에서 유전자를 발견했던 것은 다른 이유가 있어서가 아니라, 유전자가 본래 거기에 늘 있었기 때문이다. 시아노박테리아의 후손인 이 작은 초록색 기관은 언제나 모든 식물 세포에 있다.

시아노박테리아는 대단히 성공한 생명체다. 그들은 우리 샤워 커튼을 온통 뒤덮고 있고, 수영장, 화장실, 연못의 수면을 더껑이로 뒤덮는다. 따뜻함과 햇빛만 제공되면, 단 며칠 만에 고인 물을 초록색으로 바꿀 수 있다. 대부분의 시아노박테리아는 아직 독립 생활을 하고 있지만, 일부는 공생자가 되어 이질적인 동반자들과 살고 있다. 조류와 식물 세포에서 초록색을 띤 구성 성분인 엽록체로 살아가는 것들도 있고, 초록색 식물의 잎 속 빈 공간, 뿌리층, 줄기의 분비샘에서 사는 것들도 있다.

시아노박테리아와 엽록체가 가까운 친척이듯이, 미토콘드리아는 독립 생활을 하는 산소 호흡 세균의 가까운 친척이다. 종종 무시되어 온 선배 학자들이 주장했듯이, 나도 동물과 식물에 있는 미토콘드리아의 직계 조상 역시 처음에는 독립 생활을 하는 세균이었다고 주장한다. 세포 내 발전소인 미토콘드리아는 모든 동물과 식물, 곰팡이의 세포에서 화학 에너지를 생산한다. 또 미토콘드리아는 식물, 동물, 곰팡이의 조상인 원생생물이라는 모호한 수많은 미생물들 중 대다수의 세포에 들어 있다. 개체수만으로 따지면, 지구를 지배하는 생명체는 인간이 아니라 엽록체와 미토콘드리아다. 인간이 어디에 가든지 미토콘드리아도 함께 간다. 그들은 우리 몸속에서 우리의 모든 대사 활동에 필요한 에너지를 공급하고 있다. 우리의 근육, 소화기, 생각하는 뇌에 말이다.

공생 발생은 러시아의 혁신적 생물학자인 콘스탄틴 메레슈코프스키(Konstantin S. Merezhkousky, 1855~1921년)가 주창한 용어로, 공생 융합을 통해 새로운 기관이나 생물이 형성되는 것을 가리킨다. 앞으로 말하겠지만, 그것은 진화의 토대를 이루는 기본 사실이다. 우리 눈에 보일 만큼 큰 생물들은 모두 한때 독립 생활을 했던 미생물들이 모여 더 큰 전체를 이룬 것이다. 한편 그들은 융합한 뒤, 예전에 개체성을 이루고 있던 각각의 특성들을 많이 잃었다.

나는 내 학생들과 동료들이 연속 세포 내 공생 이론(SET)을 중심으로 벌어진 네 번의 전투에서 세 번 이겼다고 자랑하고는 한다. 현재 우리는 세포 개체성을 빚어낸 동반자 넷 중 셋을 알아볼 수 있다. 이 이야기에 흠뻑 빠져 있는 과학자들은 현재 세포의 바탕 물질인 핵 세포질이 고세균에서 유래했다는 데에 동의한다. 특히 단백질을 만드는 대사 과정은 대부분 호열산세균('테르모플라스마류')에서 유래했다고 본다(1단계). 인간 세포를 비롯한 진핵세포들에 있는 산소 호흡을 하는 미토콘드리아는 '자색비황세균' 또는 '프로테오박테리아'라는 세균 공생자에서 진화했다(3단계). 조류와 식물의 엽록체와 색소체는 독립 생활을 하던 광합성 시아노박테리아였다(4단계). 2단계는 말하지 않았다는 점에 주목하자.

주요 논란거리가 하나 남아 있다. 헤엄치는 데 쓰는 부속 기관, 즉 섬모는 어떻게 얻었나 하는 것이다. 이 부분에서 대다수 과학자들은 나와 견해가 다르다. 그들은 나의 공생 이론에 '극단적 SET'라는 명칭을 붙인 맥스 테일러의 견해에 동의한다. 밴쿠버에 있는 브리티시컬럼비아 대학교의 테일러와 톰 캐벌리어스미스(Tom Cavalier-Smith)는 진핵세포의 기원 이론들 중에서 비공생 '분지(branching)' 이론을 선호한다. 현재까지는 그 가설이 우세하다. 하지만 수수께끼의 두 번째 세균 동반자가 고대의 동맹 체제에 합류했다는 증거가 있다. 첫 번째 융합, 즉 첫 번째와 두 번째 동반자의 영구 결합은 중요한 사건이었다. 그 일은 일어났다. 설령 첫 번째 융합의 흔적이 모호하고 현재 검출하기가 어려워도, 단서들은 남아 있으며 우리는 그런 단서들을 찾고 있다. 미생물인 유영자가 진핵세포의 기원 과정에서 맨 처음, 가장 앞 단계에서 공생을 통해 합병되었다는 가설은 내 이론에서 가장 방어하기가 어려운 부분이다. 이 첫 번째 융합은 약 20억 년 전에 일어났을 것이다. SET의 핵심 개념(2단계)은 섬모, 정자 꼬리, 감각모 등 진핵세포의 다양한 부속 기관들이, 고세균이 맨 처음 유영 세균과 결합함으로써 생겼다는 것이다. 나는 우리가 10년 안에 이 논쟁에서 이길 것이라고 예측한다. 결국 네 번의 전투에서 네 번 다 이길 것이라고 말이다! 나는 이 장에서 왜 내가 인기 없는 견해를 고집하는지 설명하고, 먼지 가득한 생물학의 구석구석을 뒤지면서 증거를 모으는 일로 세월을 보내는 이유를 납득시키고자 한다. 일부 동료들은 내게 전투적이라는 꼬리표를 붙인다. 또 공정하지 못하다고 말하는 동료들도 있다. 또 내가 유리한 연구 결과들만 모으고, 모순되는 자료는 부당하게 무시한다고 말하는 사람들도 있다. 이런 비판들이 옳을지도 모른다.

공생을 통해 융합된 세균들은 예전 독립 생활을 할 때의 흔적들을 간직하고 있다. 미토콘드리아와 색소체는 모양이나 크기가 세균과 비슷하다. 가장 중요한 점은 이 세포 소기관들이 번식을 통해 증식하며, 세포질에는 많이 들어 있기도 하지만 핵에는 전혀 들어 있지 않다는 것이다. 색소체와 미토콘드리아 둘 다 세포 안에서 증식할 뿐만 아니라, 세포의 다른 성분들과 번식 방법과 횟수도 다르다. 처음 융합이 이루어진 뒤로 10억 년쯤 지났지만, 둘 다 지금도 비록 적은 양이지만 자신의 DNA를 간직하고 있다. 미토콘드리아의 리보솜 디옥시리보핵산(DNA) 유전자들은 현재 독립 생활을 하는 산소 호흡 세균의 유전자와 놀라울 정도로 비슷하다. 색소체의 리보솜 유전자들은 시아노박테리아의 유전자와 매우 흡사하다. 1970년대 초, 조류 세포의 색소체에 든 DNA의 뉴클레오티드 서열을 자유 생활을 하는 시아노박테리아 DNA의 뉴클레오티드 서열과 처음 비교했을 때, 조류 세포의 엽록체 DNA가 그 세포의 핵에 있는 DNA가 아니라 시아노박테리아의 DNA와 훨씬 더 비슷하다는 결과가 나왔다! 결론이 난 셈이었다. 핵, 세포 소기관, 세포 소기관의 친척인 독립 생활자의 DNA 서열을 서로 비교해 보니, 색소체가 세균에서 유래했다는 것이 입증되었다. 색깔을 덜 띠는 세포 소기관인 미토콘드리아에서도 비슷한 결과가 나왔다. 시간 여행자가 되어 과거로 가서 직접 보지 않아도 무엇이 옳은지 알 수 있다.

맥스 테일러는 아름다운 색깔을 띤 몇몇 흥미로운 해양 원생생물 분야에서 세계 최고의 전문가다. 그를 비롯한 거의 모든 사람들은 그 생물들을 쌍편모조류(dinoflagellates)라고 부른다. 하지만 나는 완강하게 거부한다. 나는 그들을 디노마스티고트(dinomastigote)라고 부른다. 세균 이외의 생물에 편모라는 말을 쓰는 데 거부감을 갖고 있기 때문이다. 나는 편모는 세균만 갖고 있는 것이며, 진핵생물에게는 편모가 없다고 본다.

전에 맥스 테일러는 내 연속 세포 내 공생 이론의 대안에 해당하는 가설들을 내놓은 적이 있다. 1970년대 초에 그는 내생 이론 또는 '직접 파생(direct filiation) 이론'이라는 것을 제시했다. 진핵세포의 기원에 관한 비공생 이론을 공개적으로 내놓은 것이다. 그 이론은 내 견해와 정반대였다. 직접 파생 이론은 세포질에 있는 미토콘드리아, 섬모, 색소체 세 가지 세포 소기관이 공생 없이 진화했다고 본다. 맥스의 가설을 비롯한 모든 전공생발생(presymbiogenesis) 견해들에 따르면, 그것들은 모두 핵에서 DNA가 '뜯겨 나와' 생겼다. 미토콘드리아, 색소체, 섬모는 언제나 세포의 일부였지 다른 세균이 아니었다는 것이다. 직접 파생 이론은 맥스의 이론적 산물이었을 뿐만 아니라, 다른 모든 생물학자들이 선호하는 분지 진화, 즉 융합 진화에 반대되는 암묵적인 가정에 들어맞았다.

맥스는 엄청난 양의 세세한 자료들을 철저하게 분석하고 정리하기 위해, 직접 파생 이론과 공생 이론의 다양한 형태들을 목록으로 작성했다. 직접 파생 이론의 극단적인 형태는 세포 공생이 있다는 말 자체를 거부한다. 진핵세포는 별도로 기원했거나 어떤 세균 조상에게 변화가 일어나서 진화했다는 것이다. 색소체는 조류와 식물에 들어 있는 광합성을 하는 세포 소기관들을 통틀어 일컫는 일반 용어다. 녹조류와 그 후손인 식물에 들어 있는 엽록체도 색소체의 일종이다. 홍조류의 붉은색을 띤 홍색체, 디노마스티고트, 규조류, 갈조류 등 여러 조류에 있는 갈색체 등도 색소체에 속한다. 약한 공생 이론은 색소체만 광합성 세균의 공생을 통해 진화했고, 미토콘드리아를 비롯한 다른 세포 소기관들은 공생이 아니라 핵에서 나온 유전자들로부터 직접 파생된 것이라고 본다. 그리고 색소체와 미토콘드리아가 공생을 통해 생겼다는 것을 받아들이는 중간 형태의 SET가 있다. 이 중간 형태는 현재 논란의 여지가 없다. 여러 교과서에 설명되어 있는 것처럼, 이 개념을 뒷받침하는 증거들은 많다.

맥스 테일러가 내게 급진적인 공생 발생론자라는 꼬리표를 붙이고, 내 SET를 '극단적'이라고 말한 것은 부당하지 않다. 왜냐고? 증거는 빈약하지만 나는 그림 2와 그림 3에 실린 유영자가 있다고 믿는다. 내가 볼 때는 다른 세포 소기관들(2단계)도 세균에서 유래했다. 중심립-키네토솜이라는 작은 소기관이 밑동에 점점이 달라붙어 있는 섬모, 정자 꼬리, 감각모, 기타 채찍 모양의 기관들은 2단계에서 유래했다. 이런 구조물들은 세포의 운동과 관련이 있다. 2단계에서 합류한 세포 소기관들은 미토콘드리아나 색소체보다 세포에 훨씬 더 일찍 그리고 더 긴밀하게 통합되었기 때문에, 진화사를 추적하기가 가장 어렵다.

2단계 세포 소기관들의 기원을 설명할 때 혼란을 불러일으키는 요인 중 하나는 이 움직이는 세포 구조물이 다양한 명칭으로 불린다는 점이다. 이 이론의 핵심 내용은 섬모의 밑동에 붙은 작은 소기관에서 시작된다.

이 수수께끼 같은 중심립-키네토솜은 작은 씨앗 역할을 한다. 정자 꼬리, 섬모, 그리고 일부 생물에서 세포 분열 때 염색체를 이동시키는 역할을 하는 방추사는 마치 마법처럼 이 작은 씨앗에서 자라난다. 세포는 계통에 따라서 중심립-키네토솜을 하나 지닐 수도 있고 많이 지닐 수도 있는데, 새 중심립-키네토솜은 기존 중심립에서 생기거나 자체적으로 생길 수 있다. 생성 시기도 중요하다. 벌거벗은 세포에서 많은 중심립-키네토솜 '씨앗'이 만들어졌다가 그것들이 한꺼번에 돌기를 형성하기도 한다. 중심립-키네토솜 '씨앗'들은 모두 미소관이라는 가느다란 관 모양의 단백질로 이루어져 있다. 관의 벽을 구성하는 단백질은 튜불린이라고 한다. 미토콘드리아와 색소체가 공생을 통해 생겼다는 이론이 마침내 받아들여진 것은 이 두 세포 소기관이 자체 DNA를 지니고 있다는 사실이 발견되면서였다. 그 DNA는 핵의 DNA와 별개였고, 구조나 체제가 세균을 닮았다는 것이 명백했다. 이 세포 소기관들의 DNA는 자체 단백질들을 만드는 유전 암호를 가지고 있다. 독립 생활을 하는 세균들에서처럼, 그 단백질들은 미토콘드리아와 색소체의 내부에서 합성된다. 노바스코샤 주 핼리팩스에 있는 댈하우지 대학교의 분자생물학자인 포드 둘리틀(Ford Doolittle)과 마이클 그레이(Michael Gray)는 미토콘드리아와 색소체의 DNA 서열이 독립 생활을 하는 세균들의 DNA 서열과 거의 흡사하다는 것을 발견했다. 그들은 이 증거와 다른 여러 증거들이 넷 중 셋만 공생을 통해 기원했다는 중간 형태의 SET를 뒷받침한다고 보았다.

그렇다면 내 '극단적' 이론은 어떻게 볼까? 진핵세포의 중심립-키네토솜 조상, 즉 다른 세균의 잔해가 과연 있는가? 나는 중심립-키네토솜 세균의 통합이 진핵세포의 출발점이었다고 생각한다! 내 생각이 옳다면, 공생 발생은 모든 진핵세포 생물과 모든 세균을 구별하는 기준이 된다. 중간 입장이란 있을 수 없다. 생물은 공생 발생을 통해 진화했든지 그렇지 않든지 할 뿐이다. 내 주장은 모든 진핵생물들(원생생물, 식물, 곰팡이, 동물)이 공생 발생을 통해 생겼다는 것이다. 고세균이 중심립-키네토솜의 조상과 융합하여 다세포생물과 원생생물의 조상, 즉 진핵세포로 진화했을 때 말이다.

중심립-키네토솜이 된 그 낯선 손님의 친척 중에는 지금도 자유 생활을 하는 것들이 있다. 바로 스피로헤타라는 세균이다. 그들의 조상, 고대의 꿈틀이들은 굶주림에 몸부림치다가 고세균들 속으로 파고들었다. 고세균 중에는 현재의 테르모플라스마와 비슷한 것들도 있었다. 침략 후에 휴전이 이루어졌다. 나는 스피로헤타와 고세균이 융합된 상태로 생존함으로써 최초의 진핵세포가 출현했다고 추측한다. 진핵세포는 공생 발생을 통해 진화했다.

또 다른 '극단적' 형태의 SET도 존재한다. 논의를 상세하게 펼치지는 않았지만, 캘리포니아 주에 있는 NASA 에임스 연구 센터의 하이먼 하트먼(Hyman Hartman)은 핵 자체가 원래 자유 생활을 하는 세균이었다고 주장한다. 수염 많은 하트먼이 '공생자로서의 핵' 개념을 맨 처음 주창한 사람은 아니다. 1921년에 세상을 떠난 러시아의 메레슈코프스키도 그러한 개념을 주창했다. 메레슈코프스키는 미토콘드리아도 원래는 공생자였다는 말은 하지 않았다. 당시에는 그나 어느 누구도 미토콘드리아가 무엇인지 알지 못했기 때문이다. 해상도가 뛰어난 전자 현미경이 등장하기 전까지, 세포에 들어 있는 이 작은 구조물은 20여 가지 이름으로 불리고 있었다. 나중에야 그것이 미토콘드리아임이 밝혀졌다. 용어들이 정리되고 의미가 명확해진 것은 1960년대 중반 현미경의 성능이 향상되면서였다.

나는 핵이 공생을 통해 생겼다는 하트먼과 메레슈코프스키의 견해에 동의하지 않는다. 내가 아는 한 미생물 세계에서 독립 생활하는 세균 중에 핵처럼 생긴 것은 없다. 내가 볼 때, 핵은 테르모플라스마와 비슷한 세균과 스피로헤타와 비슷한 세균의 불편한 융합을 통해 진화했다. 새로 등장한 '새 세포'가 커지면서 상호 작용하는 막들이 생겨났다. 조상이 둘이므로 유전 양상도 더 복잡해졌다.

맥스터 대학교의 래드니 굽타(Radney Gupta)는 최초의 진핵 세포가 지녔을 '키메라'적 특성들을 알려 줄 증거들을 찾아내는 일을 하고 있다. 쉬운 일은 아니다. 현재 굽타가 근거로 내세울 수 있는 것은 많은 필수 단백질들의 아미노산 서열을 분석한 결과들밖에 없다. 사용하는 용어나 기준은 다르지만, 그와 나의 기본 생각은 같다. 고세균과 진정 세균의 융합을 통해 막으로 둘러싸인 최초의 진핵세포 조상이 나왔다는 것 말이다.

진핵세포의 기원을 다루는 모든 사람들이 동의하는 부분은 그것이 지구 생명의 진화에서 중요하고 획기적인 사건이었다는 것이다. 핵을 지닌 최초의 미생물들은 산소를 싫어하는 작은 유영자들이었다. 오늘날이라면 그들은 원생생물계로 분류될 것이다. 이 잡다한 집단에서 가장 작은 것들은 세균만큼 작다. 그들은 산소가 없는 곳에서 살지만, 진핵세포의 특징인 핵을 비롯한 많은 형질들을 지니고 있으므로 세균은 아니다.

대체 당시에 어떤 일이 벌어진 것일까? 세포 외부 환경은 건조, 먹이 고갈, 중독 등 다양한 위험에 늘 노출되어 있는 반면, 세포 내부는 물과 양분이 그득한 풍족한 환경이다. 고세균의 막을 뚫고 들어간 스피로헤타(또는 다른 유영하는 세균)는 에너지와 먹이를 계속 얻을 수 있었을 것이다. 세월이 흐르자 침입자와 침입당한 자의 증식 속도가 조화를 이루게 되었다. 유영자인 침입자 중에서 살아 있는 새 집을 망가뜨린 것들은 오래 살아남지 못했을 것이다. 지금 우리는 침입자들이 공생자가 되고 시간이 더 흐르면 결국 세포 소기관이 될 수 있다는 것을 안다. 융합은 새로운 생존 비결들을 낳는다. 나는 산소를 싫어하는 꿈틀이 세포들이 먹이를 계속 구할 수 있는 곳을 찾아다니다가 고세균의 가장자리에 달라붙고 마침내 안으로 들어가는 광경을 상상해 본다. 꿈틀이들에게 감염된 고세균은 움직이는 속도가 빨라진다. 달라붙은 것들이 끊임없이 움직이기 때문이다. 진핵세포는 '염색체들의 춤'이라고 불리는 체세포 분열을 통해 분열하여 증식한다. 다른 지면에서 나는 이런 세포 분열이 살아 있는 스피로헤타들의 끊임없는 운동에서 비롯되었다는 주장을 펼친 바 있다.

나는 예전의 대학원생들이나 지금의 대학원생들과 함께 '극단적인' 가설을 검증하는 작업을 계속하고 있다. 우리의 가상 시나리오에 따르면, 현대 진핵세포의 행동과 화학 반응에서 고대 융합의 흔적을 검출할 수 있다. 물론 완벽한 확신을 얻으려면 더 많은 증거가 있어야 한다.

진화에서는 사건들의 순서가 중요하다. 타래송곳 모양의

스피로헤타, 미생물 세계의 과속 운전자는 몸을 비비꼬면서 뱀처럼 움직인다. 이 세균들은 진흙, 오물, 점액, 생체 조직 등 끈적거리는 액체를 앞뒤, 좌우, 위아래로 뚫고 돌아다닌다. 지금도 그렇지만, 먼 과거에도 그들은 다른 세균들보다 헤엄치는 능력이 더 뛰어났다. 빠르게 번식하는 스피로헤타는 고세균의 몸속으로 침입했고, 상호 작용을 하면서 살아남았다. 스피로헤타의 살아 있는 후손들은 현재 복잡한 세포의 체세포 분열을 비롯한 다양한 활동에서 필수 역할을 한다. 동반자들끼리 너무 긴밀하게 융합되었기 때문에, 원래의 시나리오를 재구성하기란 쉽지 않다. 그렇다고 불가능한 것은 아니다.

미토콘드리아를 가진 세포들은 모두 고대 꿈틀이의 잔해인 미소관도 갖고 있다. 그런 구조는 스피로헤타-고세균의 공생이 먼저 확립되었다는 개념과 들어맞는다. 오늘날 산소를 싫어하고 체세포 분열을 하는 유영 세포들 중에는 미토콘드리아가 없는 것들이 있다. 그래서 나는 체세포 분열을 하는 모든 진핵생물의 조상이 산소가 대기 구석구석으로 퍼지기 전에 진화했다고 추측한다.

현재 스피로헤타는 산소가 풍부한 환경과 산소가 없는 환경 모두에서 헤엄치며 살 수 있다. 그들은 이따금 옆에 있는 생물에 달라붙고는 하는데, 너무나 교묘해서 생물학자들은 그들이 붙어 있는 모습을 보고 중심립-키네토솜과 섬모라고 착각하고는 한다. 현재 스피로헤타는 나무를 먹는 곤충들의 창자에 대량으로 살고 있다. 몇 종류는 인간의 장이나 고환 조직에 살고 있다. 진흙에서 사는 것도 있다. 섬모충이나 트리코모나드 같은 원생생물의 투과성 막에 붙어 사는 것들도 있다. 스피로헤타는 대개 습하고 양분이 풍부하며 어두운 곳에서 번성한다. 스피로헤타의 삶은 꿈틀거리고, 먹고, 복제하는 것으로 이루어진다. 스피로헤타는 세균처럼 몸이 둘로 나뉘어 번식한다. 섬모의 형성은 초기 스피로헤타가 기회가 있을 때마다 취약한 이웃의 몸속으로 들어가면서 시작되었다. 일부는 들어간 뒤 두 번 다시 바깥으로 나오지 않았다. 침입한 많은 작은 스피로헤타들이 조화를 이루어 움직이기 시작하고, 통합이 상당히 이루어진 다음에, 최초의 원생생물인 핵을 지닌 유영자가 진화했다.

많은 동료들은 그만 포기하라고 하지만, 나는 지금도 이 마지막 SET 가정이 이기기를 바란다.

중심립과 키네토솜은 지킬 박사와 하이드처럼 분열하는 세포에서 동시에 발견된 적이 없다. 많은 세포에서 중심립은 체세포 분열이 끝나자마자 기둥을 뻗어서 키네토솜으로 변신한다. 그것은 둘이 하나임을 가리킨다. 1898년 파리에 살던 생리학자 루이펠릭스 헤네가이(Louis-Felix Henneguy)와 부다페스트에 살던 미하이 폰 렌호섹(Mihaly von Lenhossek)은 동물 조직에서 중심립이 키네토솜과 같다는 논문을 썼다. 체세포 분열이 끝난 뒤 중심립이 복제되어 양쪽 극을 떠나 섬모의 키네토솜이 된다는 그들의 개념을 '헤네가이-렌호섹 이론'이라고 한다. 두 과학자가 세상을 떠난 뒤 전자 현미경을 통해 증명된 헤네가이-렌호섹 이론의 타당성에 영감을 얻어 나는 중심립-키네토솜이라는 둘을 합친 명칭을 사용하기로 했다. 나는 스피로헤타가 처음에 고세균에 부착 구조를 형성했다고 믿는다. 공생 발생적으로 부착 지점에 통합되면서 현재의 중심립-키네토솜이 되었다. 옥스퍼드 대학교의 생물학자 데이비드 스미스(David Smith)는 진핵세포의 내부에 있는 공생 스피로헤타의 이론상의 잔해들을 루이스 캐럴(Lewis Carroll)의 소설에 나오는 체셔 고양이에 비유한다. 체셔 고양이가 서서히 사라진 뒤에도 공중에 수수께끼 같은 웃음이 남아 있는 것처럼, "생물이 서서히 자신의 부분들을 잃으면서 배경과 뒤섞인 뒤에도 약간의 잔재가 남아 자신이 존재했음을 알린다."라고 말한다.[1] 합체된 존재는 동반자의 내부에 있는 무언가가 된다. 일단 융합이 완료되면, 동반자들의 상대적인 유전적 기여도가 얼마나 되는지 파악하기가 쉽지 않다.

우리 실험실에서는 무작위로 고른 생물들이나 세포 소기관들보다 독립 생활을 하는 스피로헤타와 섬모충에 더 흔하게 나타나는 핵산과 단백질을 찾고 있다. 현재 그 분야에서 많은 연구가 진행되고 있는데, 주로 진화에 별 관심이 없는 과학자들이 있는 의학 분야의 연구실에서 이루어지고 있다. 나는 대개 그들의 발견을 검토하는 일을 할 뿐이다.

일부 세포들은 절대 영도에 가까운 온도에서 얼어붙은 채로 견딜 수 있다. 대사 활동은 멈춘다. 먹이, 폐기물, 에너지의 흐름도 중단된다. 하지만 해동시키면 완벽하게 기능을 회복하여 잘 살아간다. 세포는 기억한다. 생명의 정보는 세포 구조에 내재되어 있다. 핵도 미토콘드리아도 심지어 세포막조차도 없는 잘린 정자 꼬리를 에너지원이 든 적절히 균형을 맞춘 용액에 넣으면 한 시간가량 살아 헤엄친다. 나는 이 정자 꼬리, 섬모충의 섬모, 여성 나팔관의 세포들에 나 있는 섬모, 우리 목의 섬모

(세부 구조를 보면 모두 미소관이 9쌍 들어 있는 독특한 파동모 형태다.)는 우리 조상인 고세균에 통합된 독립 생활을 하던 스피로헤타에서 유래했다고 생각한다. 나는 우리의 생각이 결국 증명될 것이라고 낙관한다. 운동 단백질(그것들은 변화 속도가 느리기 때문에 더욱 중요하다.)과 관련 단백질의 유전자들이 파악되고 서열이 분석되면 말이다.

중심립-키네토솜이 세균에서 기원했다는 것을 시사하는 가장 중요한 자료는 헤엄치는 초록 미생물에서 발견된 잔존 DNA라고 할 만한 것이다. 록펠러 대학교의 존 홀(John Hall), 데이비드 럭(David Luck), 젠타 라마니스(Zenta Ramanis)는 녹조류인 클라미도모나스에서 중심립-키네토솜-미소관 유영 구조에 영향을 미치는 형질들의 유전 암호를 지닌 특수한 유전자를 발견했다. 이 유전자들은 한 집단을 이루고 있었고, 표준 핵 유전자들과 구별되었다. 록펠러 과학자들의 논문을 읽자마자, 나는 '극단적' SET의 타당성을 확신했다. 중심립-키네토솜 DNA를 분리한 사람은 아직까지 없으므로, 당연히 중심립-키네토솜 유전자들과 독립 생활을 하는 스피로헤타의 유전자들을 직접 비교한 사례는 없다. 이 과학자들은 중심립-키네토솜 및 파동모와 관련된 유전자 집합이 핵 안에 있다고 주장한다. 그들은 조류에서 복제하는 중심립-키네토솜 두 개와 아주 가까이 있는 DNA의 사진을 찍었다. 그 중심립-키네토솜 DNA는 세포 발달의 어떤 단계에서 핵 DNA의 다른 부분들로부터 떨어졌다가, 체세포 분열 때 다른 염색체 DNA와 결합한다.

예일 대학교의 조엘 로젠바움(Joel Rosenbaum)을 비롯한 연구자들은 그 녹조류에서 중심립-키네토솜 DNA를 검출하지 못했다는 점을 들어 그것의 존재를 부정한다. 스피로헤타 가설을 지지하는 정황 증거조차도 감질날 정도로 드물다. 그러니 나는 틀렸다고 판명날 일을 하는 셈이다. 어쩌면 굽타가 세운 가설처럼 녹색비황진정 세균류 같은 비스피로헤타 세균이 오래전에 다른 세포와 융합한 것일 수도 있다. 또한 공생이 최초의 유영 진핵생물의 기원에 관여하지 않았을 수도 있다. 칼 우스(Carl Woese)와 맥스 테일러의 동료인 캐벌리어-스미스 둘 다 내 견해에 동의하지 않는 것은 분명하다. 그들은 최초의 혐기성 원생생물의 기원에 공생 발생이 아무런 역할도 하지 않았다고 본다. 그렇지만 나는 고대의 미생물 행위자가 융합체의 유영 속도를 크게 증가시켰다는 주장을 펼치기 위해, 굳이 미스터리를 해결할 셜록 홈스가 필요하다고는 생각하지 않는다. 그 운동성을 지녔던 생물과 똑같은 생긴 후손이 남아 있으니까 말이다.

뉴런, 우리 뇌의 신경 세포들, 말초 신경에는 튜불린 단백질로 이루어진 미소관이 가득하다. 전혀 차이가 없는 똑같은 미소관들이 섬모, 정자 꼬리, 중심립-키네토솜의 벽을 만든다. 우리 뇌에서 정보를 처리하는 신경 세포에서 뻗어 나온 축삭과 수상돌기는 미소관을 토대로 형성된다. 내 급진적 공생 발생 이론이 옳다면, 이 문장을 읽는 데 필요한 우리 뇌와 생각은 세균에서 처음 진화한 단백질 미소관들이 있었기에 출현할 수 있다. 설령 내 스피로헤타 가설이 틀린 것으로 판가름나더라도, 공생에 관해 생각한다는 것 자체는 공생에 따른 현상이다. 우리가 마시는 산소는 혈액을 통해 뇌로 들어오며, 예전에 호흡을 하는 세균이었다고 알려진 미토콘드리아를 통해 대사를 계속한다. 스피로헤타 꿈틀이가 우리 존재의 핵심을 이루고 있든 그렇지 않든 간에, 우리는 여전히 공생자 행성에서 공생하는 존재다.

4
생명의 덩굴

> 심한 광기는 가장 신성한 제정신이지.
> 분별력 있는 눈에는
> 심한 제정신―가장 적나라한 광기야.
> 모두 그렇듯 여기서도 다수결이 이기지.
> 동의―그러면 당신은 제정신이야.
> 반대―그 순간 당신은 위험해져.
> 그리고 수갑을 차게 돼.(435)

생물의 이름 자체는 별 해를 끼칠 것 같지 않다. 그들을 집단으로 묶는 것도 그렇다. 하지만 이름을 붙이고 집단으로 묶는 지루해 보이는 행위들은 과학자로서의 내 삶에 지대한 영향을 미쳤다. 잘못된 분류 체계는 드러나지 않은 미묘한 가정들이나 종교 신념과 마찬가지로 우리를 잘못 인도한다. 공생 발생이 받아들여지기까지 오랜 시간이 걸린 이유 중 하나는 그것이 우리가 애지중지하는 공통의 전제들과 직접 충돌하기 때문이다.

분류학은 생물을 찾고 이름 붙이고 분류하는 학문이다. 이름과 분류 체계는 대량의 정보를 체계적으로 정리하는 방법이다. 지도와 마찬가지로 분류 체계는 선택한 식별 형질들을 부각시킨다. 하지만 철학자이자 인류학자 그레고리 베이트슨(Gregory Bateson)의 유명한 말처럼 "지도는 영토가 아니다." 생물의 이름도 그렇다. 한 생물의 역사는 가계도로 묘사되고는 한다. 가계도는 대부분 아래에서 위로 자라나는 나무 모양이다(그래서 계통수(系統樹)라고 한다.—옮긴이). 즉 줄기 하나에서 계통들이 가지처럼 갈라지고, 각 가지가 갈라지는 지점에는 공통 조상이 있다. 하지만 공생은 그런 나무들이 과거를 이상화한 것이라고 폭로한다. 현실에서 생명의 나무는 가끔 따로 홀로 자라기도 한다. 종들이 합쳐지고 융합하여 새 생명체를 만들 때 그렇다. 그 생명체는 새롭게 출발한다. 생물학자들은 혈관이든 뿌리든 곰팡이

균사든 가지들이 하나로 합쳐지는 것을 문합(吻合, anastomosis)이라고 한다. 생명의 나무는 지하와 지상에서 뿌리끼리 가지끼리 서로 만나서 기이한 새 열매와 잡종을 형성하는 얽히고설켜 맥박치는 존재다. 문합은 가지를 뻗는 것만큼 흔하지는 않지만, 가지 뻗기만큼이나 중요하다. 성과 마찬가지로 공생은 앞서 진화한 존재들이 모여 새로운 동반자 관계를 형성하는 것이다. 성과 마찬가지로 어떤 공생은 지속적으로 이어지면서 안정적이고 생산적인 미래를 만들어 낸다. 한편 금방 갈라서는 공생도 있다. 유전적 연속성을 지닌 존재들이 세대마다 벌이는 다양한 상호 작용들은 책에 실린 생명의 나무 그림에 의문을 제기한다.

1980년대 중반에 큰아들 도리언 세이건이 그린 후 많은 사람들이 연구함으로써 지금은 유명해진 그림이 있다 그림 4. 이 그림은 손을 연상시킨다. 다섯 손가락은 주요 생물 집단들을 가리킨다. 각 손가락이 거대한 다섯 영역을 가리킨다고 생각해 보자. 모든 세균들(핵이 없는 모네라, 즉 원핵생물), **원생생물**(조류, 점균류, 섬모충 등 핵이 있는 세포로 이루어져 있으며 공생 발생을 통해 형성된 다양한 생물들), **동물**(정자와 난자의 결합으로 생긴 배아에서 발달), **곰팡이**(효모, 버섯, 포자에서 자라는 사상균류), **식물**(포자에서 자라기도 하고 유성 생식

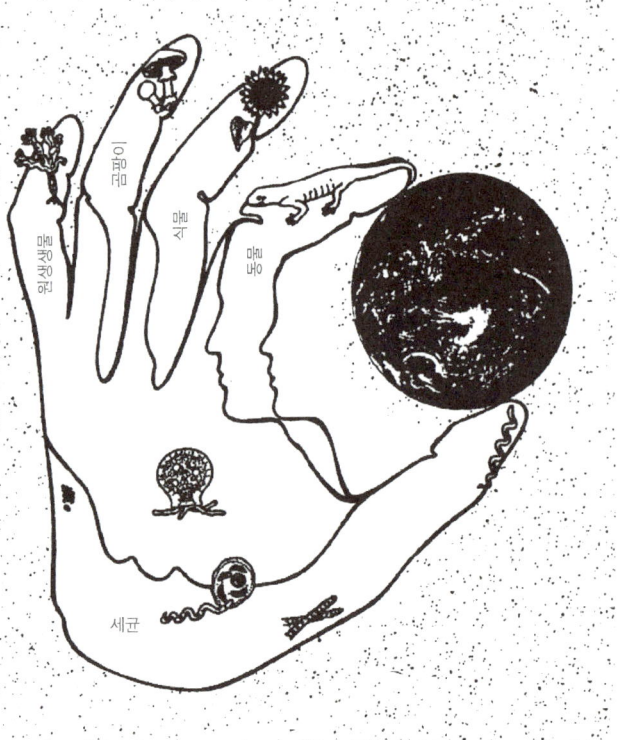

그림 4
생명의 다섯 왕국, 5계.

을 통해 형성된 배아에서 자라기도 한다. 모든 식물이 광합성을 하는 것은 아니다.). 세균 외에 생명의 손에 달린 손가락들은 모두 공생을 하기 시작한 미생물 조상에서 나왔다.

1920년대에 컬럼비아 대학교의 아이번 월린이 엽록체와 미토콘드리아가 공생 세균에서 기원했다고 주장했을 때, 그는 자신의 개념과 함께 철저히 배척당하고 말았다. 점잖은 생물학계는 그의 '공생주의 이론'을 비웃었다. 그는 진지한 학계에서 배척당했고, 나이 마흔에 공생을 연구하던 자신의 실험실을 내놓아야 했다. 다른 생물학자들에게 세균은 진화적 새로움의 창안자가 아니라 질병 매개체일 뿐이었다. 그의 동료들은 독립 생활을 하던 미생물인 세균이 동물 세포에 갇혀 한 구성 성분이 될 리 없다고 주장했다. 월린은 뉴욕에서 덴버로 자리를 옮겼다. 그는 그곳 대학교에서 40년 동안 교육자이자 학자로서 승승장구했지만, 세포 소기관이 공생에서 기원했다는 말은 두 번 다시 입에 담지 않았다. 세균은 위험한 병원체였다. 생명의 진화를 다룰 때 세균 이야기를 입에 올리는 사람은 아무도 없었다. 게다가 가계도의 가지들은 오로지 갈라질 뿐이었다. 가지들이 융합한다는 말을 꺼낸 사람은 메리슈코프스키밖에 없었다.

현재 우리는 '괴짜' 월린의 연구가 당시보다 현대의 사고 방식에 더 적합하다는 것을 안다. 그의 주장이 비판적 검토조차 받지 못한 한 가지 이유는 당시의 분류학이 너무나 경직되어 있었기 때문이다. 모든 생물은 동물 아니면 식물로 분류되어야 했다. 미생물도 그래야 했다. 혼동의 여지가 있기는 했지만 당연히 그래야 한다는 듯이, 헤엄치는 미생물은 동물계로 분류되었다. 한편 대단히 비슷하지만 초록빛을 띠고 잘 움직이지 않는 미생물들은 식물로 분류되었다. 식물학과에 속한 식물학자는 모든 미생물과 그 후손들을 식물로 분류했다. 옆 건물에 있는 동물학자는 아주 비슷한 생물을 동물계에 소속시켰다. 갈등은 계속 커졌다. 똑같은 작은 생물을 놓고 식물학자들은 식물이라고 주장했고 동물학자들은 동물이라고 주장했다. 미생물학자들(세균학자들)과 균학자들(곰팡이와 버섯 전문가들)은 세균, 효모, 곰팡이를 놓고 비슷한 싸움을 했다. 유감스럽게도 이런 흥미로운 분류학적 혼란은 지금도 흔히 볼 수 있다.

현미경을 발명한 안톤 반 레벤후크(Antony Van Leeuwenhoek, 1632~1723년)가 자신이 발견한 새 생물들을 미소 동물(animalcule)이라고 부른 것은 용서할 수 있다. 달리 무엇과 비교할 수 있단 말인가? 하지만 나는 현대 과학자들이 동물의 것이 아님이 분명한 생물학적 특징을 지닌 헤엄치는 생물들을 여전히 원생동물('최초의 동물'이라는 뜻)이라고 부르는 것은 용서할 수 없다고 본다. 예전에 원생동물이라고 불렸던 일부 생물들, 즉 핵을 가진 미생물들은 동물의 조상이지만, 동시에 식물, 곰팡이, 기타 다양한 원생생물들의 조상이기도 하다. 이 조상 원생생물들은 정자나 난자, 또는 동물 배아로부터 발달하지 않으므로 동물이 아니다. 그 집단은 놀라울 정도로 다양하다. 현재 50종류 이상의 주요 계통이 살고 있다. 규조류, 갈조류, 섬모충을 비롯하여 '생명이 어디에나 있다.'는 것을 보여 주는 덜 알려진 많은 집단들이 거기에 속한다.[1] 아메바든 섬모충이든 편모충이든 그 어떤 것이든, 그들은 동물이 아니다.

또 나는 생물학자들이 '남조류(blue-green algae)'라는 말을 쓸 때마다 움찔한다. 그런 것은 존재하지 않는다. 남색을 띤 이 생물들은 어느 모로 보나 광합성 세균이다. '단세포 동물'도 마찬가지로 짜증 나는 용어다. 그것도 존재하지 않는다. '고등 식물'이나 '다세포 식물'이라는 것도 결코 존재하지 않는다. 모든 동물과 모든 식물은 배아에서 발달하며, 배아는 정의상 다세포다. 모든 식물과 모든 동물은 다세포이므로, 다세포라는 말을 덧붙이는 것은 낭비다. '원생동물'이라는 말은 모순어법이며, '다세포 식물'과 '다세포 동물'은 오해를 불러일으킨다.

언어는 혼란과 착오를 일으킬 수 있다. '남조류', '원생동물', '고등 동물', '하등 식물' 등의 옛 용어들은 생물학적 불쾌감과 무지를 낳으면서도 여전히 쓰이고 있다. 해당 생물을 모욕하는 이런 용어들을 계속 쓰는 이유는 그렇게 해야 기존 연구비, 강의 노트, 사회 조직을 우려먹으려는 사람들에게 혜택이 돌아가기 때문이다. 나는 윌린의 좋은 착상이 거부당하고 무시당한 것이, 고정된 분류 체계라는 잘못된 개념을 고수하는 많은 생물학자들과 교사들이 그의 개념을 철저하게 오해했기 때문이라고 본다. 당시 세균은 오로지 질병의 원인으로만 여겨졌고, 지금도 거의 언제나 '인류의 적인 병원체'로 간주된다. 우리는 세균을 '현대 의학의 무기로 정복할 날을 기다리고 있다.'는 식의 말을 자주 듣는다. 그들을 군사적이고 적대적인 용어 위주로 묘사하는 것은 터무니없는 일이다. 대다수 세균들은 공기보다 더 해롭지 않으며, 공기와 마찬가지로 우리 몸과 우리 환경에서 제거할 수도 없다. 하지만 많은 사람들은 여전히 세균은 당연히 박멸해야 하는 것으로 잘못 생각하고 있다. 지금도 그렇지만 월린의 시대에는 더욱더 세균은 정복해야 할 대상으로 여겼다. 어떻게 그것들이 건강한 조직에 '살' 수 있냐는 것이다. 월린의 동료들은 지도와 영토를 혼동했다.

현대인들은 보통 생물을 세 종류로 구분한다. 식물(식량과 정원 장식), 동물(애완동물, 해산물, 우리 자신 등), 병균(박멸되어야 할 것). 이 개념이 널리 퍼져 있는 것만큼이나 위험한 것임을 내가 언제 깨달았는지는 기억이 나지 않는다. 오래전이었다는 것은 확실하다. 나는 이 지나치게 단순한 문화적 헛소리를, 힘들게 배운 과학적 진리에 더 가까운 개념으로 대체하려고 애쓰고 있다. 식물도 동물도 세균이 적어도 20억 년 동안 화학적, 사회적 진화를 겪은 뒤에야 출현했다. 사실 동물과 식물뿐만 아니라 곰팡이도 지구 기준으로 보면 신참이다. 동물도 식물도 영구적인 분류 범주가 아니다. 둘 다 플라톤주의에 심취한 신성한 존재가 창조하여 영구히 존재하도록 한 것이 아니다. 현재 살아 있는 모든 식물과 동물 외에도 적어도 세 종류의 생물이 더 있다. 그리고 진정한 생물 다양성은 식물과 동물 이외의 생물들에서 나타난다.

동물과 식물은 지구의 다른 모든 생물들에 비해 서로 훨씬 더 비슷하다! 생물의 세세한 부분들을 연구하는 도구인 전자 현미경과 새로운 분자 생물학 덕분에, 우리는 지구 생명의 다양한 모습들을 전보다 더 잘 이해하게 되었다. DNA, 리보핵산(RNA), 단백질 같은 긴 사슬 분자들은 하나의 측정 기준으로 모든 생물들을 연구할 수 있게 해 준다. 생물을 크게 동물과 식물로 나누는 방법은 아리스토텔레스 체계가 무너지기 전까지의 주류 견해였다. 최근 들어 분류 체계에 급격한 변화가 일어나고 있다. 생물학자들은 열악한 환경에서도 견디는 능력과 공생 진화에 초점을 맞춤으로써 생존 능력을 포함한 미생물들의 경이로운 능력들을 상세히 탐구하고 있으며, 그런 연구가 분류 체계 변화의 토대가 되고 있다.

나는 미생물 공생자를 연구하면서 어느덧 생물 분류 체계를 비판하고 수정하는 입장에 서게 되었다. 칼린 슈워츠(Karlene Schwartz)와 나는 지난 20년 넘게 동료들과 과학 문헌들로부터 분류학적 정보를 수집하여 모순되고 한계가 있는 생물 분류 체계를 하나의 일관된 체계로 다시 짜는 일을 해 왔다. 우리는 가능한 한 유용하고 정확하게, 진화사를 반영하는 체계를 짜는 것을 목표로 삼았다. 우리가 수정한 현대적인 형태는 2단으로 된

5계 분류 체계다. 모든 생물을 가장 크게 구분하는 방법은 원핵생물(공생 발생을 통해 진화하지 않은 '원핵' 세포로 된 모든 세균)을 첫 번째 단에 놓고, 진핵생물을 두 번째 단에 놓는 것이다. 핵을 가진 세포로 이루어진 진핵생물은 모두 공생 발생을 통해 진화했다. 원생생물, 균류, 식물, 동물이 여기에 속한다. 그림 4에 나온 이 체계가 유용하다는 것이 점점 더 입증되고 있다.

절충파인 독일 과학자 에른스트 헤켈(Ernst Haeckel, 1834~1919년)은 원생생물을 존중한 나머지, 식물계와 동물계에 원생생물계를 추가했다. 하지만 미생물 세계를 발견한 것은 헤켈보다 200여 년 먼저 태어난 안톤 반 레벤후크였다. 네덜란드 델프트 출신의 포목상이었던 레벤후크는 나처럼 미소 생태계를 탐구하며 살았다. 다른 점은 그가 스스로 현미경을 만들었다는 점이다. 평범한 17세기 네덜란드 인이었던 레벤후크는 흙탕물, 연못 물, 젊은 여성의 침, 취객의 설사에 수많은 미생물들이 들어 있다고 서술했다. 나중에 그의 연구는 왕립 학회에 보낸 편지의 형태로 런던에서 발표되었다. 훨씬 뒤에 다윈의 진화 개념이 나오자 유럽의 지식인들은 생물의 공통 조상을 찾아 나섰다. 그 무렵 레벤후크의 현미경을 개량한 18세기의 신제품을 이용하여 연구하던 아마추어 자연학자들은 그 네덜란드 인이 서술한 작은 존재들이 단지 '신기한 것'만이 아니라는 사실을 서서히 알아차렸다. 현미경을 들여다본 사람들의 눈에 서서히 미생물이 더 큰 생물들의 조상 형태로 보이기 시작했다.

물론 미생물은 발견된 지 오랜 시간이 흐른 뒤에도 정식 분류 범주에 추가되지 않았다. 루이 파스퇴르(Louis Pasteur)가 위험한 병원균을 발견한 뒤에야, 이 가장 작은 생물들도 이름을 얻고 분류 체계에 포함되었다.

기원전 300년대에 아리스토텔레스는 500종이 넘는 동물 종을 분류했다. 그는 오직 맨눈만 사용했기에 당연히 미생물을 전혀 보지 못했고, 생물의 분류 범주들이 고정되어 변하지 않는다고 보았다. 아리스토텔레스의 분류 체계 중에는 지금의 것과 일치하는 부분도 있다. 예를 들어 그는 돌고래를 어류가 아니라 육상 포유류에 포함시켰다. 나중에 로마의 학자 대(大)플리니우스(Gaius Plinius Secudus, 23~79년)는 37권으로 된 『자연사(*Natural History*)』에서 당시까지 보고된 모든 생물들의 목록 작성을 시도했다. 많은 자료들을 토대로 작성된 그 목록에는 유니콘, 나는 말, 인어도 들어 있었다. 중세와 르네상스 시대에는 여행담, 즉

'동물 우화집'의 형태로 새로운 생물이 묘사되고는 했다. 그 안에는 여러 생물의 상세한 묘사와 그림이 가득했다. 코끼리의 뼈는 괴물 인간의 증거로 여겨졌고, 상어의 이빨 화석은 살해당한 용의 흔적으로 해석되었다.

분류학은 1686년 영국인 존 레이(John Ray, 1627~1705년)가 수천 종의 식물을 집대성한 책을 출간하면서 더 신뢰를 얻게 되었다. 1693년 그는 동물의 분류 체계를 제시했다. 그는 동물들을 발굽, 발톱, 이빨 등 신체적 특징들의 차이점과 유사점에 따라 배열했다. 동물 우화집에 사실인 양 적어 놓은 소문, 우화, 상상을 불신하는 분위기가 점점 팽배해지고 있다는 점을 감안한 듯, 레이는 화석들이 더 이상 존재하지 않는 식물과 동물의 잔해라고 주장했다.

진화를 고려하지 않은 분류 체계 중 가장 완벽한 것은 웁살라 출신의 유명한 스웨덴 식물학자 칼 폰 린네(Carolus von Linné, 1707~1778년)가 제창한 것이다. 그는 린네우스라는 라틴 어 이름으로 책을 썼다. 그는 이명법(二名法)이라고 불리게 될 체계를 창안했다. 그는 각 생물에 두 개의 이름을 붙였다. 이름은 대개 라틴 어나 그리스 어에서 따왔다. '첫 번째' 이름은 그 생물이 속한 집단인 속을, '두 번째' 이름은 종을 나타낸다. 이 이름은 당시나 지금이나 이탤릭체로 적으며, 속명의 첫 글자는 대문자로 쓴다. 린네 분류 체계는 현재 생물학 지식의 중요한 부분을 차지하고 있다. 전 세계의 모든 생물학자들은 이 두 이름으로 해당 생물이 어느 속과 종에 속해 있는지 파악한다. 일본책과 중국책, 키릴 문자를 쓰는 러시아 책에서도 라틴 어 형태로 붙인 종명과 속명은 이탤릭체로 적는다. 모국어가 무엇이든 어느 지역 출신이든, 모든 저자들과 자연학자들은 같은 린네식 이름이 같은 종의 생물을 가리킨다는 것을 안다. 속은 종보다 더 상위에 있는 더 포괄적인 분류군이다. 종은 더 작고 더 한정적인 집단을 가리킨다.

예를 들어 모든 개는 개속(*Canis*)에 속한다. 가축화한 개의 종명은 파밀리아리스(*familiaris*)다. 늑대는 카니스 루푸스(*Canis lupus*)고 코요테는 카니스 라트란스(*Canis latrans*)다. 인간은 호모 사피엔스(*Homo sapiens*)다. 린네는 이 분류 체계를 우리 몸에만 적용했다. 그는 우리의 영혼은 분류 가능한 자연 체계 너머에 있다고 생각했다. 현재 인간 외에 사람속의 종은 호모 하빌리스(*Homo habilis*), 호모 에렉투스(*Homo erectus*), 호모 사피엔스 네안

데르탈렌시스(*Homo sapiens neandertalensis*), 새로 발견된 호모 사기타리우스(*Homo sagittarius*) 같은 멸종한 화석 인류뿐이다.

또 린네는 속을 여럿 묶은 더 상위 분류군을 목, 목들을 묶은 것을 강이라고 했다. 프랑스 해부학자 조르주 퀴비에(Georges Cuvier, 1796~1832년)는 나중에 목들을 묶어서 '분지(embranchment)'라는 분류군을 설정했다. 지금의 문에 해당한다. 퀴비에의 연구는 파리 국립 역사 박물관의 소장품을 정리하는 데 대단히 유용했다. 그는 린네 분류 체계를 화석에까지 확대 적용했다. 퀴비에와 린네 모두 모든 종이 전능한 신이 창조한 형태 그대로 영구히 서로 별개의 형태로 존재한다고 믿었다. 퀴비에는 화석이 성경에서 말한 홍수와 기타 격변들이 벌어질 때 사라진 과거 생물들의 증거라고 여겼다. 그래서 그는 일부 동물들이 멸종했다고 인정했다. 하지만 그는 신이 세계를 창조한 이래로 새로운 생명체가 생겨났다는 증거는 전혀 없다고 생각했다. 비록 린네와 퀴비에는 진화론자가 아니었지만, 생물들 사이의 세세한 관계를 깊이 파고든 진정한 학자들이었다. 그들의 연구는 영원한 가치를 지닌다. 그들의 사상은 19세기 말과 20세기에 꽃 피운 진화 사상의 주요 흐름의 토대가 되었다.

독일의 탁월한 자연 탐구자인 에른스트 헤켈은 다윈의 진화론을 가장 처음 받아들인 사람 중 하나였다. 그는 진화 개념이 식물이냐 동물이냐 하는 전통적인 이분법에 의문을 제기한다는 것을 알았다. 헤켈의 주장들이 전부 다 옳았던 것은 아니다. 가령 그는 생명이 무생물에서 진화한다고 믿었다. 그는 우리의 궁극적인 조상들(그는 조상의 일부가 아직도 바다 밑에 살고 있다고 주장했다.)은 식물과 동물을 모두 탄생시킨 기이한 존재였으며, 조상들은 식물도 동물도 아니었다고 주장했다.

헤켈은 다윈의 진화 개념을 확장시키고 널리 알리고 체계적으로 적용했다. 그는 많은 새로운 생물을 학계에 보고했다. 그는 바다에 떠다니는 아름다운 생물들과 플랑크톤들을 그림으로 그렸다. 그는 작은 해양 생물인 유공충을 식물도 동물도 아닌 독자적인 계에 정식으로 소속시킨 최초의 과학자였다. 헤켈은 대담하게 그것들에 원시적인 단위를 뜻하는 '모네라계'라는 이름을 붙였다. 하지만 헤켈은 모네라계의 경계를 설정할 때 오락가락했다. 그는 현재 원생생물로 분류되고 있는 아메바와 점균류도 모네라계에 포함시켰다. 심지어 일부 논문에서는 현재 동물로 분류되고 있는 해면동물을 모네라계에 포함시키기도 했다. 그러나 많은 저서들을 통해, 그는 생물을 두 계로 분류하는 전통적인 분류 체계를 일관되게 거부했다. 나와 마찬가지로 그는 엄격한 식물-동물 이분법이 새로운 지식과 모순되며, 생명의 진화사를 제대로 이해하지 못하게 한다고 생각했다. 신의 창조물인 1만 종을 분류했던 린네와 달리, 헤켈은 다윈주의자였다.

캘리포니아 새크라멘토에 사는 생물 교사 허버트 코플런드(Herbert Copeland, 1902~1968년)는 헤켈의 체계를 더 정교하게 다듬었다. 1956년 그는 잘 알려지지 않은 한 권의 책을 썼다. 그 책에서 그는 헤켈의 모네라계를 두 계로 세분했다.[2] 코플런드는 우선 '모네라'라는 분류군에 세포에 핵이 없는 세균들만을 넣었다. 두 번째 계인 원생생물계(Protoctista)는 영국 자연학자 존 호그(John Hogg)의 1860년 연구 결과를 토대로 설정했다. 코플런드는 세포에 핵이 있는 모든 미생물을 원생생물계에 포함시켰다. 그는 기존의 원생동물, 정자처럼 헤엄치는 세포를 만들어 번식하는 물곰팡이, 호그가 원생생물계에 넣었던 온갖 조류를 자신의 원생생물계에 포함시켰다. 그는 핵을 지닌 미생물이나 좀 더 큰 점액질 생물 등 색다른 집단들은 모조리 원생생물계에 집어넣었다. 그는 어느 누구와도 공동 연구를 하지 않았고, 어느 누구에게도 자신의 체계에 맞게 분류군을 수정해 달라고 요청하지 않았다. 그가 내린 가장 중요한 결정은 점균류, 효모, 버섯 등 모든 곰팡이를 원생생물계의 이노문(Inophyta)에 포함시켰다는 것이다.

3년 뒤 코넬 대학교의 로버트 휘태커(Robert Whittaker, 1924~1980년)는 선견지명이 있었으나 거의 무시된 코플런드의 4계 분류법을 더 발전시켰다. 북아메리카의 군집 생태학 분야를 개척한 휘태커는 오랜 세월 소나무가 듬성듬성 난 뉴저지의 황무지를 연구했다.[3] 그는 소나무 황무지에서 나무뿌리와 연결되어 자라는 광합성을 하지 않는 곰팡이들이 식물과 전혀 다르므로 별도의 계로 보아야 한다는 것을 깨달았다. 그렇게 하여 휘태커는 곰팡이, 식물, 동물, 호그의 원생생물(다른 계에 속하지 않는 작은 생물들인 프로티스트(protist)를 가리킴.), 헤켈의 모네라(세균)로 이루어진 5계 분류 체계를 확립했다. 코플런드처럼 휘태커도 이 집단들 중 앞의 네 종류는 진핵생물이라는 점에 주목했다. 즉 그들의 세포에는 언제나 핵이 있다. 마지막 계의 구성원들만이 핵이 없으므로 원핵생물이다. 이 집단의 구성원들은 모두 세균이며, 코플런드가 진핵생물들을 모두 뺌으로써 헤켈의 모네라계에 남게 된 것들이다.

　코플런드나 휘태커처럼 칼린 슈워츠와 나 역시 동료들의 자가당착, 거부, 혼란을 목격하고 좌절했다. 우리는 식물과 동물 분류 체계의 엉성한 부분들을 학생들에게 가르치면서 곤란을 느꼈다. 식물 분류 체계와 동물 분류 체계는 서로 양립 불가능한 부분들이 있었고, 지금도 그렇다. 일관성 있고 쉽게 이해할 수 있는 이치에 맞는 분류학을 이용하고 가르칠 필요가 있었다. 우리는 식물학자, 동물학자, 미생물학자, 원생동물학자, 균학자, 조류학자 등 많은 학자들과 연구자들의 연구 결과를 수집하면서 여러 해를 보냈다. 우리는 세포 형태학, 대사, 유전학, 발생학 등을 반영한 가르치기 쉬운 진화적 분류 체계를 원했다. 비록 식물과 동물이 서로 다른 생존 전략을 택했다고 할지라도, 구조상 유사한 점들이 많다는 점은 명백했다. 둘 다 막으로 둘러싸인 핵 안에 염색체가 있는 세포들로 이루어져 있다. 둘 다 난자, 정자, 배아를 만든다. 1969년 《사이언스》에서 처음 읽었을 때부터, 휘태커의 5계 분류 체계는 우리에게 드넓은 다양성을 가진 생물들을 진화적으로 묶는 최선의 방법인 듯했다.* 하지만 모든 대형 생물들의 직계 조상은 미생물이다. 대형 갈조류는 작은 황색조류에서, 점균류는 아메바에서 진화했고, 녹색을 띤 대형 바닷말들의 조상은 현재도 살고 있는 많은 미세한 녹조류다. 몸집 큰 생물들은 작은 가까운 친척들과 떼어놓을 수 없다. 따라서 코플런드의 견해에 따라, 칼린과 나는 존 호그의 포괄적 용어인 원생생물계(Protoctista)를 부활시켰다. 우리는 그 용어를 휘태커의 '프로티스트' 계를 더 확장시킨 진화적으로 더 확고한 의미로 사용한다. 한편 우리는 원생생물 중에서 일부 작은 구성원들을 가리키는 '프로티스트'를 비공식 용어로 존속시켰다.[5] 모든 원생생물은 궁극적으로 세균 공생을 통해 진화했다. 프로티스트 중에는 단세포도 있다. 또 소수의 세포로 이루어진 것들도 있다. 한 예로 독립 생활을 하는 아메바도 프로티스트다. 아메바, 섬모충, 조류 세포, 바닷말과 군체 형태의 아메바, 점균류는 모두 원생생물이다. Proto-는 원생동물(protozoa)에서 알 수 있듯이 그리스 어로 최초라는 뜻이다. 하지만 'protozoa'와 달리, protist와 protoctist(proto와 '최초로 확립된 존재'라는 뜻의 ctista에서 유래)는 동물이라는 의미를 지니고 있지 않다. 나는 원생생물들을 '물에 사는 이도저도 아닌 것들(water neithers)'이라고 부른다. 일부는 물웅덩이에 살고, 일부는 나무 구멍에 살고, 호수에 사는 것들도, 바다에 떠다니는 것도 있다. 비록 모두 수생 생물이지만, 동물도 식물도 아니다. 동물이 원생생물 중 일부(zoomastigote)에서 진화했고, 식물은 다른 원생생물(녹조류)에서, 곰팡이는 또 다른 원생생물(키트리드(chytrid))에서 진화했지만, 원생생물 자체는 동물도 식물도 곰팡이도 아니다.[6]

우리는 바이러스가 5계 중 어디에도 속하지 않는다고 확신한다. 바이러스는 살아 있는 세포 바깥에서는 아무것도 하지 않으므로 살아 있지 않다. 바이러스는 스스로 대사를 하는 데 필요한 것들을 갖추지 못했으므로 살아 있는 세포의 대사를 필요로 한다. 자신을 유지하기 위한 끊임없는 화학 활동인 대사는 생명의 본질적인 특징 중 하나다. 바이러스는 그것이 없다. 생물은 끊임없는 대사를 통해, 화학 물질과 에너지의 흐름을 통해, 끊임없이 생산하고 수선하고 보존한다. 세포, 그리고 세포로 이루어진 생물만이 대사를 한다. 바이러스는 식물, 동물, 곰팡이, 원생생물로 침입할 수 있는 능력을 지니고 있지만, 살아 있는 세포의 막 바깥에서는 불활성이다. 그렇지만 바이러스는 지구 생명의 이야기에서 중요한 부분을 차지한다. 바이러스는 다른 생물의 대사에 의존하므로, 최초의 바이러스는 세균에서

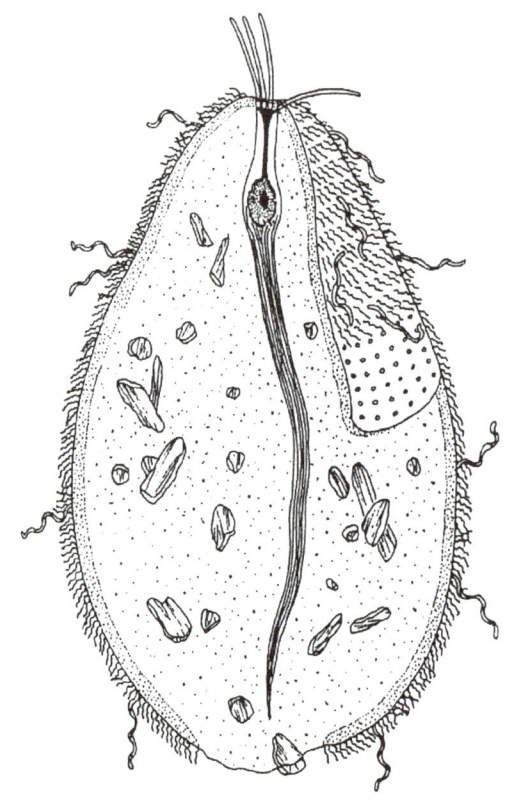

그림 5
원생생물인 믹소트리카 파라독사(*Mixotricha paradoxa*). 적어도 다섯 종류의 생물로 이루어져 있다.

진화했을 가능성이 가장 높다. 그들은 아마 햇빛을 받으며 사는 세균 세포들 중 방사선을 많이 받은 것들에서 시작되었을 것이다. 구조가 아주 복잡한 일부 바이러스들을 전자 현미경으로 보면 소형 로봇이나 피하 주사 바늘 같다. 자체 대사 능력이 없으면서도 어떻게 그런 복잡한 형태를 진화시켰는지는 내가 대답할 흉내조차 낼 수 없는 질문이다. 하지만 말해 둘 점은 바이러스가 세균이나 인간 세포와 마찬가지로 '병원체'도 '적'도 아니라는 것이다. 현재의 바이러스들은 세균과 인간 세포, 다른 세포들 사이에 유전자를 퍼뜨린다. 세균 공생자와 마찬가지로, 바이러스도 진화적 변이의 원천이다. 바이러스에 감염된 생물 집단은 자연선택을 겪는다.

세포에 기반을 둔 모든 생물들과 마찬가지로 바이러스도 한 서식지에서 지나치게 증식하면 문제에 직면하게 된다. 치명적인 것으로 알려진 에볼라 같은 바이러스들은 특정 집단에 재앙을 불러온다는 비난을 받는다. 바이러스의 자원이든 다른 무엇의 자원이든 간에, 과잉 성장은 생태계를 파괴하고 약화시키는 경향이 있다. 우리는 뇌의 이마엽에서 벗어날 수 없듯이, 바이러스로부터도 벗어날 수 없다. 우리는 자신의 바이러스다.

5계 분류 체계 중 두 부분(원핵생물 대 진핵생물)은 진화사를 잘 반영한다. 따라서 오해를 일으키는 기존의 식물-동물 이분법보다 훨씬 더 낫다. 맨 먼저 진화한 것은 세균이었다. 그들은 많은 다양한 생물로 갈라졌다. 붉은색, 자주색, 초록색을 띤 것으로. 발효하고, 광합성을 하고, 호흡을 하는 것으로. 황화물을 만드는 것과 산소를 만드는 것으로. 달걀형, 뱀장어형, 막대형으로. 심지어 커다란 나무처럼 생긴 세균도 진화했다. 세균이 다양해진 것만은 아니었다. 그들은 침입하여 몸속에서도 살게 되었다. 다른 세균들을 먹이로 삼으면서, 그들은 먹이 주위에서 우글거렸다. 면역계도 튼튼한 외부 장벽도 없었던 그들은 먹이를 찾다가 내부로 융합되기도 했고, 유전자를 교환하기도 했다. 때로는 바이러스가 관여하기도 했다. 침입 공격에서 살아남은 세균들은 불편한 휴전을 맺었다. 독립된 존재였던 세균들은 서로 합체함으로써 새로운 종류의 복합 세포가 되었다. 이 복합체는 종분화를 일으키면서 다양한 프로티스트들로 진화했다. 작은 프로티스트들과 그들의 군체는 대단히 수가 많고 다양한 생물 집단을 낳았다. 현재 약 25만 종의 원생생물이 살고 있다. 그리고 멸종한 종류는 그보다 더 많다. 그들의 미세한 잔해들, 미화석들은 자신들이 과거에 존재했음을 알려 준다.

원생생물은 짝짓기를 하는 단세포와 성체 형태 사이에서 세대 교번을 하는 등의 다양한 진화적 변화를 겪은 진핵 미생물들이다. 일부 원생생물의 후손은 결국 유성 생식을 하는 식물과 동물이 되었다. 우리 조상들에게 일어난 공생 세균의 공진화는 원생생물 조상을 낳았다. 우리 각자의 몸에는 수많은 미생물 군체들이 살고 있다. 과거의 프로티스트들은 현재 뛰어난 조직과 기관을 갖춘 잘 조율된 동물이 되었다. 칼린과 나는 우리가 수정한 '휘태커 5계 분류법'이 공생 세균으로부터 원생생물의 진화, 그리고 원생생물에서 동물, 식물, 곰팡이의 진화를 충실하게 반영한다고 느낀다.[5]

일리노이 대학교의 칼 우스는 그의 동료들과 함께 고세균(Archaea, 전에는 archaebacteria라고 했다.), 진정 세균(Eubacteria, 다른 모든 세균), 진핵생물(Eukarya, 핵을 지닌 모든 생명체)의 세 갈래로 된 근본적으로 다른 분류법을 제안했다. 그는 각 집단을 '영역(domain)'이라고 부른다. 핵을 지닌 모든 생물들을 진핵생물로 분류한 부분은 우리가 한 것과 똑같다. 하지만 그는 진핵생물 영역을 두 세균 집단과 같은 지위에 놓는다. 우스는 네 진핵생물계(원생생물, 곰팡이, 동물, 식물)를 하나로 묶었다. 내 생각에 우스는 원생생물과 진핵생물, 공생 발생 생물과 비공생 발생 생물의 중요한 차이점을 명확히 밝히는 것이 아니라 오히려 모호하게 만든다. 우스의 다른 두 영역은 이름에서 짐작할 수 있듯이 세균이다. 우스는 모든 생명체에 존재하는 중요한 긴 분자들 중 하나인 RNA의 서열, 즉 RNA 화학 염기들의 순서 차이를 이용하여 모든 생물들을 분류하고자 한다.

우스는 거의 1,000종에 달하는 생물들의 자료를 분석하여, 다양한 원핵생물들을 고세균이나 진정 세균으로 분류한다. 우스의 고세균 영역에 속한 생물 중에는 짠물에서 사는 원핵생물인 일부 호염성 세균과 산성인 곳과 뜨거운 유황천을 좋아하는 세균들이 있다. 또 고세균 영역에는 메탄 기체를 생성하는 세균들이 모두 포함된다. Archaea라는 이름은 '오래된'이라는 뜻의 그리스 어에서 나왔으며, 지구에 최초로 출현한 생물이라는 뜻이다. 우스는 다른 세균들은 모두 진정 세균('진짜 세균') 영역으로 분류한다. 주로 유전자 서열 분석을 기준으로 삼았기에, 고세균과 진정 세균의 구분이 맞는지 증명하려면 특별한 기술이 필요하다. 차이가 있지만, 우스의 3영역 분류 체계와 휘태커의

5계 분류 체계는 둘 다 공생 진화관에 부합된다. 둘 다 식물 대 동물이라는 시대 착오적 체계보다 훨씬 더 낫다.

우스의 3영역 분류법에서는 두 세균 영역의 분자 수준의 차이가 버섯과 말코손바닥사슴의 차이보다 더 중요하다고 평가된다. 내가 볼 때는 어이가 없다. 현재 세계 최고의 진화학자인 하버드 대학교의 에른스트 마이어(Ernst Mayr)는 내 견해에 전적으로 동의한다. 그가 최근에 내게 쓴 편지에 따르면, 우스 체계는 생물학 교과서에 점점 더 많이 실리고 있다고 한다. "내 입에서 끙 하는 소리가 나오는 것 같네." 그는 고세균과 다른 세균들과의 유사성, 모든 세균들과 나머지 생물들, 즉 진핵생물들의 차이점을 다룬 논문을 발표했다.

세균 애호가이기는 하지만, 나는 1998년에 발표한 우리가 새로 수정한 2단(원핵생물과 진핵생물) 5계 분류 체계가 3영역 분류 체계보다 훨씬 더 낫다고 믿는다. 모든 생명체들을 구분하는 주요 식별 형질인 비공생 발생 세포(원핵생물) 대 공생 발생 세포(진핵생물)가 가장 상위에 놓인다. 그 다음에 생물이 어떻게 발달하는지에 초점이 맞추어진다. 포자(곰팡이), 모체 조직으로 둘러싸인 배아(식물), 포배 배아(동물), 그밖(원생생물)의 어느 것에서 발달하는지의 여부 말이다.

　마이어처럼 나도 우스의 간결한 생물 분류 체계가 많은 문제점을 지닌다고 본다. 우스는 주로 하나의 유전자를 기준으로 삼아 모든 생물을 분류했다. 그것은 한 생물의 많은 RNA 분자들 중 하나를 만드는 유전 암호를 지닌 DNA 조각이다. 이 DNA 암호가 만드는 RNA는 리보솜이라는 세포의 작은 구조물을 만드는 한 부품에 불과하다. 그런데 우스는 오직 하나의 유전자만 사용한다. 작은 세균조차도 5,000개의 유전자를 지니고 있는데 말이다. 나는 그 점이 잘못되었다고 본다. 생물은 그 생물학적 내용 전체를 토대로 분류되어야 한다. 둘째, 적어도 한 원생생물(말라리아 원충)은 생활사의 시기별로 이 RNA 유전자의 서열을 바꾼다. 미생물의 RNA가 몇 시간 만에 바뀔 수 있다면, RNA 서열은 아마도 모든 집단들을 분류하는 가장 상위 범주를 정의하는 최선의 기준이 될 수 없을 것이다. 생물이 속한 가장 포괄적인 분류군은 그 이상의 것을 토대로 삼아야 한다. 대다수 사람들은 큰 생물들의 네 계는 한눈에 보고 쉽게 구분할 수 있다. 하지만 우스의 유전자 서열 분석 방법을 이용할 수 있는 사람은 거의 없다. 게다가 곰팡이, 식물, 원생생물, 동물을 한 집단으로

뭉뚱그리는 체계는 애써 획득한 지식을 무용지물로 만든다. 분류 체계는 정보 검색 시스템이어야 한다.

우스의 3영역을 반대하는 이유는 또 있다. 동물, 식물 같은 진핵생물과 달리 원핵생물은 이따금 유전자를 남에게 건네준다. 즉 고세균과 진정 세균은 서로 유전자를 교환한다. 이 작은 생물들은 아주 비슷하며, 한 제국, 계, 영역에 속한다. 그 가장 상위 분류군을 무엇이라고 부르든 간에 말이다. 생물을 분류할 때에는 분자와 세포 화학 물질들뿐만 아니라 모습, 행동, 발달도 함께 고려해야 한다. 바나나나무의 껍질과 개의 피부에 똑같은 유전자 서열이 있더라도, 우리는 여전히 개를 바나나가 아니라 늑대 및 재칼과 한통속으로 분류할 것이다. 새로운 분자생물학적 지식은 꽃의 세부 구조를 토대로 식물들을 분류해 온 풍성한 분류학 전통을 뒤집는 것이 아니라, 오히려 강화하는 역할을 한다. 나는 우스가 보편적인 분류법의 확산에 대단한 기여를 했다는 점에는 찬사를 보내지만, 그의 3영역 체계는 너무 멀리 나아간 것이라고 생각한다.

진화에 기반을 둔 분류 체계는 점점 더 깊어지고 있다. 먼저 진화한 것은 세균이었다. 그들은 가지를 뻗음으로써 다양해졌다. 그리고 세균 공생 발생을 통해 가지들이 융합되어 원생생물이 출현했다. 풍요로운 조상 집단으로부터 일부 원생생물이 곰팡이로 진화했고, 다른 것들은 동물이나 식물로 진화했다. 고대 집단들은 그대로 남아서 다양해지기도 한다. 새로운 형태들은 일시적인 것일 수도 있고 안정한 것일 수도 있다. 모든 종은 사라지는 경향이 있지만, 영역이나 계 등으로 불리는 상위 집단은 계속 존재한다.

어떤 분류 체계든 나름대로 문제를 안고 있다. 우리는 일단 한 범주에 소속시킨 것은 꼬리표를 붙이고 제쳐두는 경향이 있다. 분류 체계는 선입견에 들어맞는 개념 상자들을 제공함으로써 자연의 다양한 조직화 양상을 제대로 보지 못하게 한다. 분류 체계는 자연을 연구한 결과를 반영해야 한다. 2단 5계 분류 체계는 계속 수정되어야 한다. 하지만 어떤 문제가 있든 간에, 거기에 '동물 대 식물' 이분법이라는 낡은 오류는 들어 있지 않다. 우리는 생물을 3가지나 5가지, 혹은 100만 가지로 분류할 수 있지만, 생물은 그 틀에 얽매이지 않을 것이다.

5
세포는 생명 탄생의 기억을 가지고 있다

우물에는 정말 신비가 가득하네!

그만큼 오래 고여 있었으니…….

원할 때면 언제나 들여다볼 수 있는

심연의 얼굴처럼.(1400)

세포핵이 있든 없든 간에, 생명의 기본 단위는 세포다. 우리가 눈으로 볼 수 있을 정도의 크기인 생물들은 핵이 있는 세포로 이루어져 있으며, 앞에서 살펴본 것처럼 진핵세포는 처음에 세균 세포들이 융합됨으로써 진화했다. 그렇다면 모든 지구 생명체의 모체이자 아주 작은 단위인 세균 세포는 어떻게 등장했을까?

그 시원 세포의 기원을 설명해 줄 만한 단서가 있을까? 최초의 세균 세포는 어디서 왔을까? 이 질문은 "생명이 어떻게 시작되었을까?"라는 질문과 다를 바 없다. SET 이론에서 세균들의 재조합, 융합, 합병 부분을 이해하려면, 먼저 이 다양한 세균들이 어디에서 왔는지를 알아야 한다. 즉 더껑이에서 출현한 생명을 이해할 필요가 있다.

최초의 세포들이 어떤 생태 환경에서 살았을지 추적하기 위해, 나는 몇 년에 한 번씩 학생들과 멕시코 바하칼리포르니아 노르테의 산퀸틴 만으로 탐사 여행을 떠난다. 우리는 가장자리를 따라 소금들이 말라붙어 반짝거리는 석호 지대 라구나피게로아를 돌아다닌다. 우리는 아교질의 뻘을 헤집어 연한 색깔의 띠무늬를 이루면서 얇게 층층이 쌓인 퇴적물을 찾는다. 해안을 따라 다채롭게 펼쳐져 있는 이 '미생물 깔개(microbial mat)'는 나를 매료시킨다. 바닷물이 육지와 만나 넘실거리는 이곳의 경관은 살아 있다. 우리 연구에는 다행스럽게도, 이곳은 인간뿐만 아니라 대다수의 대형 동물들이 접근하기 어려운 곳이다. 나는 향긋한 미생물들로 뒤덮인 뻘에 손을 넣고 그들이 내뿜은 기체를 들이마신다. 인간 세계와 마찬가지로 이곳에서도 죽음은 삶의 일부다. 하지만 명령이나 강요에 따르는 죽음은 없다. 이곳에서는 집단의 성장 잠재력이 실현되고 억제되기를 되풀이한다. 이 해안 군집은 30억 년 넘게 유지되어 왔다. 매일 수많은 생물들이 죽고 다시 보충되지만, 군집은 자신의 한계를 넘어설 정도로 자란 적이 없다. 이곳은 가장 푸른 초원보다도 더 원시적인 진화의 에덴 동산이다. 이 지구의 깔개에 동물이나 식물은 거의 없다. 원생생물과 곰팡이조차도 찾아보기 어렵다. 이곳에 살고 있는 것은 대부분 세균들이다. 이 미생물 깔개 위에 서 있으면, 특권을 얻은 듯한 기분이 든다. 나는 바삐 움직이는 인간들로 가득한 도시를 버리고 탈출했다는 짜릿한 기쁨과, 생명의 기원을 마음껏 생각할 자유를 얻었다는 흥분에 잠긴다.

생명의 기원은 신비로움을 주는 개념이다. 사실이 아니라는 의미에서가 아니라, 깊은 신비감을 자극한다는 의미에서 그렇다. 과학자들도 관찰 결과들을 종합하여 생명의 기원을 이야기할 필요가 있다. 최초의 생명, 최초의 세균 세포는 어떻게 시작되었을까? 그 시원 세균은 자신을 낳은 환경과 어떻게 달랐을까? 그런 질문은 과학 탐구의 영역에 속하며, 그 답은 SET의 핵심을 이룬다. 서로 다른 세균들이 융합하여 우리 세포를 만든 과정을 이해하려면 먼저 세균들이 어떻게 기원했는지, 그 다음에 어떻게 변했는지를 알아야 한다. '생명의 기원' 문제에 대한 해답은 각국 학자들의 연구 결과들을 짜 맞추어 만든다. 과학이 제시하는 지구 최초의 생명에 관한 이야기는 세계의 기원 신화들 중에서 가장 지역색이 덜하다. 알고 싶은 사람이라면 누구나 자유롭게 접할 수 있다.

최초의 생명체인 최소한의 요건을 갖춘 세균이 어떤 특성을 지녔을지 추론할 수 있는 몇 가지 방법이 있다. 첫째, 모든 생물들을 비교하여 공통점이 무엇인지 알아보는 것이다. 그렇게 공통되는 것들과 모든 생명체에 절대적으로 필요한 것들은 최초의 세균 조상 때부터 대물림되었다고 추론할 수 있다. 생명의 사슬은 형성된 이후로 한 번도 끊긴 적이 없으니까.

기원을 추론하는 두 번째 방법은 고생물학이다. 고생물학은 미화석, 즉 초기 생명의 잔해를 연구하는 학문이다. 미화석들 중에는 연대를 알 수 있는 것들이 있다. 가령 주위 화산암의 연대를 측정하면 미화석의 연대를 추정할 수 있다.

생명의 기원을 밝히는 세 번째 방법은 세포를 다시 만드는 것이다. 이를테면 최소한의 요건을 갖춘 조상 형태를 실험실에서 화학적으로 재현하는 것이다. 이 방법으로 단순한 화합물에서 몇 가지 생명 구성 성분들을 합성했지만, 실험실에서 세균 세포를 재창조했다고 할 만한 성과가 나온 적은 없다. 물론 설령 그런 실험에 성공했다고 해도, 우리가 엉성하게 흉내 낸 방법이 정말로 세포가 기원했을 때 사용된 방법이라고 결론 내릴 수는 없다.

이런 방법들을 조합한 결과, 나는 가장 설득력 있고 살펴볼 만한 지구 생명의 기원 시나리오를 제시한 과학자들의 견해에 동의하게 되었다. 그 시나리오에 따르면 세포 이전에는 세포와 흡사한 계들이 있었다. 오늘날에는 어떤 DNA 조각도, 어떤 유전자도 자신이 속한 세포를 떠나서는 복제가 이루어지지 않는다. 또 그 어떤 바이러스도 살아 있는 세포 바깥에서는 증식하지 못한다. 지금의 최소 생명 단위이자, 스스로 존속하고 번식하는 세균 세포가 바로 우리의 출발점이었다.

생명의 기원 문제를 "풀었다."라고 주장하는 사람은 아무도 없다. 하지만 화학 물질에서 세포를 만들 수는 없어도, 세포처럼 막으로 둘러싸인 구조물은 물에 기름을 넣고 휘저을 때 생기는 기름방울처럼 자연적으로 생성된다. 지구에 아직 생명이 없던 초창기에, 그런 방울들은 안팎을 구분하는 경계를 설정했다. 버지니아 주 페어팩스에 있는 조지메이슨 대학교 교수이자 크로스노 의식 진화 연구소 소장인 해럴드 모로위츠(Harold J. Morowitz)는 재미있게 쓴 자신의 책[1]에서, 적절한 에너지원이 들어 있는 기름막 속에서 전생명체(prelife)가 점점 화학적으로 복잡한 양상을 띠어 갔다고 주장한다. 이 지질 주머니들은 점점 자체 유지 능력을 갖추게 되었다. 그들은 구성 성분들을 교체해 나갔고, 그럼으로써 조금씩 더 안정적으로 구조를 유지할 수 있었다. 구조를 유지하는 데에는 에너지가 필요했다. 아마 처음에는 태양 에너지가 방울 속으로 들어갔을 것이다. 에너지 흐름을 통제할 수 있게 되면서 세포 생명체의 전신인 자기성(selfhood)이 형성되었다.[2] 이런 방울들 중 가장 안정한 것이 가장 오래 존속했을 것이고, 무작위적이지만 환경과 끊임없이 물질들을 교환함으로써 형태를 유지했을 것이다. 시간이 흐르면서 대사 활동에 상당한 진화가 이루어졌다. 나는 그런 진화가 자체 유지되는 기름막 안에서 일어났다고 믿는다. 그런 진화 끝에 인산과 인산이 결합된 뉴클레오사이드를 지닌 방울들은 다소 정확하게 스스로를 복제할 수 있는 능력을 획득했다.

최초의 세균이 어떻게 출현했는지, 우리는 추측만 할 수 있을 뿐이다. 어쨌든 현재 발견된 가장 오래된 화석들은 세균의 잔해로 해석된다. 35억 년 이전의 것도 있다. 남아프리카에서 나온 것이 가장 보존 상태가 좋다. 스와질란드 마이크로스피어라고 불리는 이 화석들은 대기와 대양을 갖춘 단단한 암석 덩어리인 지구가 생긴 지 겨우 11억 년이 지났을 때 이미 생명이 번성하고 증식하고 성장하고 있었다는 것을 말해 준다. 이제 이 행성에서 생명의 역사가 대단히 오래되었다는 사실을 의심하는 사람은 없다. 우주가 '특이점'의 대폭발로 탄생한 것이 대체로 120억~150억 년 전으로 추정되므로, 지구 생명이 30억 년을 훨씬 넘는 세월을 살아 왔다는 말은 우주 역사의 4분의 1에 해당하는 기간만큼 존재했다는 것을 뜻한다. 또 최초의 생명체가 식물도 동물도 아니었다는 것을 의심하는 사람도 없다.

모든 생명체의 몸을 이루고 있는 물질들의 입장에서 보면, 우리는 우주의 탄생 때부터 존재해 온 것이나 다름없다. 포유류를 비롯한 모든 생명체의 몸을 이루는 물질들은 거슬러 올라가면 초신성 폭발 때 생긴 탄소, 질소, 산소 같은 원소들에서 유래했으니까.

언뜻 들으면 현재 도시, 정글, 바다, 숲, 초원 등 지구에 살고 있는 모든 생명이 고대 세균의 후손이라는 말이 믿어지지 않을지도 모르겠다. 하나 또는 고작 몇 마리의 세균이 어떻게 그 많은 것들을 낳을 수 있었단 말일까? 하지만 당신도 처음에는 하나의 세포에 불과했다는 점을 생각해 보라. 당신은 처음에는 접합자, 즉 수정란이었다. 수정란은 분열하여 배아가 되어 어머니의 자궁에 착상했다. 이윽고 점점 자라서 어머니의 팔에 안겨 울어대는 아기가 되었다. 수정란 하나가 열 달 뒤에 비록 작고 힘없고 제대로 움직이지도 못하지만 인간이 될 수 있다면, 세균 하나가 30억 년이라는 세월을 거치면서 현재의 온갖 생명체들을 만들어 냈다는 것도 그리 상상하기 어려운 일은 아니다.

지름이 약 1000만 분의 1미터인 가장 영리한 세포, 가장 작은 세균은 끊임없이 대사 활동을 한다. 이 말은 그저 그것이 끊임없이 수백 가지 화학 변화를 일으킨다는 뜻이다. 세균은 진정으로 살아 있다. 가장 작고 가장 단순한 세균도 우리와 아주 흡사하다는 것이 최근 연구를 통해 드러났다. 그 세균들도 단백질, 지방, 비타민, 핵산, 당, 탄수화물 같은 우리와 똑같은 구성 요소들을 이용하여 끊임없이 대사 활동을 한다. 따라서 가장 단순한 세균조차도 사실은 극도로 복잡하다. 게다가 체내 활동도 더 큰 생물들과 별반 다르지 않다. 가장 단순한 세포 중 하나인 미코플라스마 게니티쿨룸(*Mycoplasma geniticulum*)이라는 세균은 DNA 서열 전체가 밝혀져 있다. 우리가 그 세균의 유전자들을 모두 상세히 알고 있다는 뜻이다. 유전자 서열과 대사 과정을 자세히 연구하면 할수록, 우리는 생명이 기원한 이래로 모든 생물은 동포인 다른 생물들과 언제나 비슷했다는 것을 더욱 실감하게 된다. 다른 모든 세균들과 마찬가지로 미코플라스마도 먹이를 섭취하기 위해 끊임없이 에너지를 사용해야 한다. 각종 염들을 균형 상태로 유지하고, DNA와 RNA와 단백질을 만들고, 이 화학 물질을 저 화학 물질로 전환시키는 일을 계속 해야만 살아남을 수 있다. 그들은 주변 환경과의 차별성을 유지하기 위해 애쓴다. 현재 살고 있는 가장 작은 세균들과 마찬가지로, 초기 지구에 살던 가장 단순한 세균 세포도 이미 통합성(integrity)을 갖추고 있었다. DNA 구조의 공동 발견자인 프랜시스 크릭(Francis Crick)이 경이로운 주장을 할 수밖에 없었을 정도로, 가장 작은 최초의 세균도 이미 복잡성을 갖추고 있었다. 크릭은 많은 영향을 끼친 저서 『생명 그 자체(*Life Itself*)』(우리나라에서는 『생명의 출현』이라는 제목으로 1992년에 번역·출간되었다.—옮긴이)에서, 생명의 엄청난 복잡성을 생각할 때 생명이 우주에서 지구로 온 것이 틀림없다고 주장했다.[3] 그는 지구라는 행성에 생명의 씨를 뿌리겠다고 결심한 어느 외계 문명이 세균들을 이곳으로 보냈다고 주장했다. 크릭은 정원사가 자신의 마당에 씨를 뿌리듯이, 수십억 년 전에 지구에 번식체가 뿌려졌다고 아주 진지한 어조로 주장한다. 생명이 지구 밖 우주에서 왔다는 이 지향 범종설(directed panspermia, pangenesis)이라는 개념은 원래 수백 년 전부터 있었다. 하지만 나는 그 주장이 지구의 진화에 대한 무지에서 비롯된 것이라고 본다.

나는 생명의 기원 문제를 우주로 떠넘기는 것에 지적으로 동의할 수 없다. 만약 그렇다면 지구가 아닌 다른 곳에서는 생명이 더 쉽게 출현했다는 말인데, 왜 그렇게 생각해야 한단 말인가? 어디에서 시작되었든 간에, 세포 생명체는 똑같은 문제들을 극복해야 출현할 수 있다. 자연 발생이라는 개념은 종의 기원이 아니라, 속임수의 기원을 보여 준다.

유럽인들은 아주 오랫동안 생물이 더껑이와 오물 더미에서 자연적으로 생긴다고 믿었다. 썩은 고기에서는 구더기가 생기고, 넝마에서는 생쥐가 자연적으로 생긴다고 믿었다. 하지만 자세히 관찰하고 실험한 결과 중간 단계들이 있다는 것이 드러났다. 우리는 이제 음식물이 화학적으로 아무리 복잡해도 구더기가 거기에서 생기는 것이 아님을 안다. 구더기는 파리가 낳은 수정란에서 나온다. 하지만 루이 파스퇴르보다 앞서 살았던 학자들은 악취를 풍기는 고기에서 꿈틀거리는 구더기들이 부패한 물질 자체에서 생명이 생겨난다는 것을 보여 주는 증거라고 여겼다. 1860년대에 파스퇴르는 팔팔 끓인 고기 즙을 공기에 노출시키는 실험을 했다. 그는 목이 아주 길고 아래로 굽어 있는 플라스크와 보통 플라스크에 각각 고기 즙을 넣었다. 목이 굽은 플라스크에서는 공기는 안으로 들어갈 수 있었지만, 세균 같은 것들은 들어갈 수 없었다. 며칠 후 보통 플라스크에 담아 공기에 노출시킨 고기 즙은 세균과 곰팡이가 자라면서 썩었다. 그러나 '대조구', 즉 목이 아래로 굽은 플라스크에 든 고기 즙은 전혀 썩지 않았다. 그 오염되지 않은 고기 즙은 파리의 파스퇴르 연구소에 지금도 전시되어 있다. 자연 발생을 믿은 마지막 세대에 속해 있던 파스퇴르는 자연 발생이 틀렸다는 사실을 극적으로 증명했다. 강아지는 암캐와 수캐에게서 나오고, 아기는 남성과 여성에게서 나온다. 파리는 구더기에서 나온다. 생쥐는 짝짓기를 한 어미 생쥐에게서 나온다. 마찬가지로 미생물은 이미 존재하는 미생물에서 나온다. 적어도 무성 생식을 하는 어느 한 미생물 개체에서 말이다.

하지만 이 이야기에는 역설적인 측면이 있다. 독실한 가톨릭 신자였던 파스퇴르는 현재 우리가 해석하듯이, 자신의 발견을 모든 생물이 이미 존재하는 같은 종류의 생물에서 생겨나는 것이 틀림없다는 의미로 해석했다. 파스퇴르에게 이것은 진화가 일어나지 않으며, 오직 신이 수많은 종류의 생물들을 만들었다는 뜻이기도 했다. 현대 과학자들은 같은 발견을 놓고 거꾸로 주장한다. 모든 생물은 전능한 신이 만든 것이 아니라 궁극적으로 최초의 생명에서 유래했으며, 최초의 생명은 태양계의 무생물에서 기원했다고 말한다. 이것이 바로 역설적인 측면이다.

파스퇴르는 세균이 우리처럼 살아 있다는 것을 입증했다. 세균이 질병이나 음식 오염과 상관 관계가 있다는 것을 증명한 것이다. 파스퇴르의 탁월한 실험들은 지금까지도 대단한 영향을 미치고 있다. 그의 생각은 주류 견해로 자리 잡았다. 감염성이 있는 극악무도한 세균들은 없애야 할 '병균'이라는 생각 말이다. 현대 의학이 자랑하는 놀라운 성공 사례들도 미생물이 적이라는 생각을 강화하는 데 한몫을 한다. 청결, 수술 도구의 살균, 항생제는 모두 미생물 공격자들과 맞서 싸우기 위한 전쟁 무기다.

그러니 미생물이 우리의 동료이자 조상이라는 더 균형 잡힌 견해는 거의 숨을 죽이고 있는 상황이다. 우리 사회는 이런 질병 '매개체', 즉 '병균'이 모든 생명을 낳았다는 확정된 사실을 무시한다. 우리 조상들은 바로 그 병균들, 즉 세균이었다.

그렇다면 최초의 세균은 어디에서 왔을까?

파스퇴르를 비롯한 과학자들이 의기양양하게 보여 주었듯이, 자연 발생은 일어나지 않는다. 하지만 파스퇴르의 관찰 결과를 잘못 해석한 창조론자들과 기타 교조주의자들은 생물은 결코 무생물에서 나올 수 없다고 주장한다. 몇몇 정보 이론가들은 분자들의 무작위 상호 작용을 통해 무생물에서 저절로 생명이 생겨날 확률이 굳이 '수학적 증명'을 할 여지가 없을 정도로 낮으므로, 생명은 신이 창조했다고 주장한다. 하지만 내가 보기에는 분자들을 무작위로 섞었을 때 생명이 나온다고 본 그들의 가정 자체에 문제가 있다.

'생명의 기원 문제'를 직접 규명하려는 실험은 1953년에 시작되었다. 당시 22세였던 스탠리 밀러(Stanley Miller)는 노벨상 수상자인 시카고 대학교 교수 해럴드 유리(Harold Urey)의 대학원생이었다. 밀러는 유리 용기에 멸균한 물을 넣고 몇 가지 기체들을 주입했다. 그는 초기 지구의 화학 상태를 축소 모사한 이 용기에 일주일 동안 주기적으로 전기 방전을 일으켰다. 번개를 흉내 낸 것이다. 실험을 끝낸 뒤 종이 크로마토그래피라는 기술로 물에 든 물질들을 분석한 밀러는 여러 유기 화합물들이 자연적으로 형성되었다는 것을 알았다. 알라닌과 글리신도 들어 있었다. 둘 다 모든 단백질과 살아 있는 모든 세포에 들어 있는 아미노산이었다. 밀러와 유리는 생명의 화학 성분들의 그러한 '자연 발생'이 화학적 상호 작용의 자연적인 결과라고 결론지었다.

우리는 스탠리 밀러가 찾아낸 것과 같은 유기 화합물들이 우주나 초기 지구에서 더 단순한 전구체들로부터 자연적으로 형성되었다고 본다. 물론 밀러와 유리는 초기 지표면 환경이 어떤 화학 특성을 지니고 있었을지 추측만 할 수 있었다. 밀러는 유리 용기에 수소, 수증기, 암모니아, 메탄을 넣었는데, 그런 기체들을 넣은 것은 타당해 보인다. 이 기체들은 모두 수소가 풍부하다. 태양의 주요 구성 원소인 수소는 우주 물질의 90퍼센트 이상을 차지한다. 밀러는 초기 태양계의 내행성들에 수소가 풍부했을 것이라고 추정했다. 그 실험으로 '원시 수프'라는 개념이 나왔다. 밀러의 플라스크 벽에 달라붙어 있거나 떠 있던 복잡한 구조물 '제미시(gemish)'에서 생명이 출현했다는 것이다. 우리는 생명이 출현하기 오래전부터 지구에 햇빛을 비롯한 에너지원을 통해 합성된 유기 화합물들이 가득했다고 본다. 아마 밀러의 실험에서 일어난 일이 행성 전체에서 일어났을 것이다. 22세의 젊은이 스탠리가 며칠 만에 실험실에서 아미노산들을 만들어 낼 수 있었다면, 지구라는 실험실에서 1000년, 100만 년 동안 실험을 하면 생명이 만들어지지 않을까?

더 최근의 실험들은 초기 지구의 환경을 모사한 실험 장치에서 생명의 전구체들이 자연적으로 형성될 수 있다는 것을 보여 준다. 하지만 분자들은 무작위로 결합하는 것이 아니다. 탄소, 수소, 질소, 인, 산소, 황 같은 생명의 원소들은 화학 법칙에 따라 상호 작용한다. 열역학이라는 열과 에너지의 과학은 분자들이 법칙에 따라 행동한다고 말한다. 화학 반응들 중에는 다른 것들보다 훨씬 더 잘 일어나는 것들이 있다. 모든 화학적 조합이 동등하다는 개념은 생명의 생성 불가능성을 계산하는 데에는 편리할지 모르지만, 틀렸다. 게다가 생명이 세포와 비슷한 지질 방울에서 시작되어 진화했다고 가정하면, 놀라운 자체 유지 능력을 지닌 계가 출현할 확률은 더 높아진다. 또 일단 출현하고 나면 복잡성을 향한 추세가 계속 이어진다.

생명의 기원을 밝히기 위해 현재 진행되고 있는 연구 중 나를 가장 흥분시키는 것은 친구인 해럴드 모로위츠의 것이다. 모로위츠는 생물학에 공간, 시간, 인과율 외에 '기억'을 추가한다. 그는 생물학이 물리학과 역사학 사이에 놓인 다리라고 주장한다. 그린란드의 이수아 지층에서 나온 암석을 비롯하여 지구에서 가장 오래된 암석들은 거의 40억 년 전의 것이다. 모든 생물은 연대를 직접 측정할 수 없는 화학적 기억을 가진다. 현대 세포들의 대사 활동 기억은 가장 오래된 암석보다 더 오래되었을 가능성이 높다. 모로위츠의 말에 따르면, 지방 화합물에서 콜레스테롤 같은 스테로이드로 이어지는 효소 반응 단계들을 비롯하여 일부 대사 경로들은 오직 동물에서만 나타난다. 반면에 '일차 대사'의 구성 요소들처럼, 모든 생물에게 공통적인 대사 경로들도 있다. 생물의 모든 대사에는 탄소 대사 경로가 절대적으로 필요하므로, 자체 유지라는 세포 현상의 기반이 되고 최초의 화학적 상호 작용들의 기반이 되는 탄소, 질소, 황, 인의 화학적 상호 작용들은 모든 세포에 계속 보존되어 있어야 한다.˙ 환경 제약 요인이나 치명적인 DNA 돌연변이 같은 간섭 요인이 보편적으로 필요한 그런 대사 활동을 방해하면 어떤 세포든 죽고 만다.

자연에는 시간이 흐를수록 점점 더 복잡해지는 화학 계들이 있다. 그런 계들은 자기 자신을 더 많이 만들 수 있지만, 그렇다고 해서 살아 있다고는 할 수 없다. 그런 계를 자가 촉매적 계라고 한다. 자가 촉매적 계는 최종 산물이 반응 원료가 되는 식으로 반응들이 고리 형태로 꼬리를 물고 이어진다. 그런 반응들 중에는 '화학 시계'라고 부르는 것들이 있다. 금방 안정 상태에 도달하지 않고, 반응이 계속 진행되고 되풀이되기 때문이다. 벨로소프-자보틴스키 계는 자체 유지 반응들이 연쇄 고리를 이룬 것이다. 세륨, 철, 망간 원자들이 들어 있는 황산 용액에서 브롬산염은 말론산을 산화시킨다. 이 화학 물질들은 반응을 계속 되풀이하면서 용액에 동심원과 나선 무늬를 형성한다. 최종적으로 안정한 패턴에 도달하기까지 몇 시간이 걸릴 때도 있다.

벨기에의 노벨상 수상자 일리야 프리고진(Ilya Prigogine)은 이런 반응들을 열역학적으로 분석하고, 그것들에 흩어지기 구조(dissipative structure)라는 이름을 붙였다. 흩어지기 구조는 유용한 에너지를 동화하고 쓸모 없는 에너지를 열의 형태로 흩어 버림으로써 자체 기능을 유지하는 계를 말한다. 흩어지기 구조의 반응들은 생명체, 그리고 생명체로 진화한 화학계의 반응들과 어떤 공통점이 있다. 하지만 흩어지기 구조든 아니면 다른 구조든 모든 화학계는 오직 잠깐 동안만 작동하여 더 질서 있는 물질을 만든다. 그런 다음 해체된다.

열역학적 분석과 과학적 경험을 토대로, 우리는 영구 기관이 존재할 수 없다고 추론한다. 에너지 자체는 사라지지 않는다 해도, 그것은 되돌릴 수 없는 형태로 변한다. 흩어진 열은 회수할 수 없다. 질 좋은 에너지, 즉 일을 할 수 있는 에너지는 시간이 흐르면서 사라지는 경향을 보인다. 눈사람은 한 번 녹으면 다시 복원되지 않는다. 컵과 유리는 깨지는 일이 다시 붙는 일보다 훨씬 더 자주 일어난다. 방을 말끔하게 정돈하는 것보다 어지르는 쪽이 훨씬 더 쉽다. 열역학에서는 어질러지는 것이 규칙이다. 에너지를 잃고 물건들이 부서져서 원상태로 돌아오지 않는다는 것은 피할 수 없는 사실, 즉 자연법칙이다. 생명은 복잡한 질서를 유지하고 있지만, 만물이 무질서를 향해 나아간다는 열역학 법칙을 피해갈 수는 없다. 생명은 늘 질 좋은 에너지원을 필요로 한다. 햇빛은 화학 에너지가 벨로소프-자보틴스키 반응을 관통하는 것과 거의 똑같은 방식으로 생명을 관통하면서 주기적인 활동에 필요한 힘을 불어넣는다. 그러나 세포들은 자라서 번식하여 자신을 닮은 세포들을 더 많이 만들므로, 일단 생물이 진화하면 생명의 화학은 결코 중단되지 않는다. 에너지와 양분이 계속 공급되는 한, 주기성을 지닌 생물은 스스로를 무한정 만들 것이다. 화학계에는 '자기'가 없다. 즉 자기 자신을 더 많이 만들 수 없다. 반면에 생명은 언제나 일련의 자기 자신을, 즉 생물이나 세포를 인식해 왔다. 생명은 계속 존재하려면 에너지를 소비해야 하지만, 과거의 생명과 단절되지 않고 연결된 상태에서 그렇게 한다. 생명은 기원했을 때부터 불연속성 없이 과거와 화학적으로 연결되어 왔다.

모로위츠는 20세기가 시작된 이래로 수백 명의 과학자들이 밝혀낸 생물의 대사 관련 자료들이 인류의 가장 큰 지적 성과이면서도 가장 낮게 평가된 부분이라고 지적한다. 복잡하게 얽힌 세포의 화학 반응들, 대사의 중요한 부분을 해독한 공로로 몇몇 사람에게 노벨상이 주어지기는 했다. 그러나 내가 아는 한, 그 상세한 대량의 대사 자료를 일관성 있게 하나로 모아, 생명의 고대사를 들여다보는 렌즈로 삼으려 애쓰는 사람은 모로위츠밖에 없다.

생명은 본질적으로 기억 저장 시스템이다. 그 점에 비추어 보면 생명의 기원을 설명하기 위해 제시된 시나리오들 중에는 터무니없어 보이는 것도 있다. 지금까지 최초의 화학계를 만든 열쇠라고 제시된 것들로는 결정, 유리, 코아세르베이트, 점토, 황철광 등이 있다. 암석 틈이나 점토 입자가 생명이 기원한 곳이라고 주장하는 사람들도 있다. 거의 모든 생물의 세포에는 액체가 든 막으로 둘러싸인 주머니들이 들어 있다. 비슷한 공간인 리포솜이라는 화학적 주머니도 자연적으로 생긴다. 리포솜 같은 액포는 이른바 생명의 기원 실험에서 저절로 형성된다. 내가 볼 때는 황철광, 점토, 유리보다는 이런 방울이 생명을 탄생시킨 자연적 구조물일 가능성이 훨씬 더 높다. 여기서 생명의 연속성, 생명의 기억 원리를 떠올려 보자. 나는 DNA나 RNA가 자유롭게 떠다니는 원시 수프는 결코 존재하지 않았다고 생각한다. 핵산(DNA, RNA)은 자연적으로 형성되기보다는 파괴되기가 훨씬 더 쉽다. 막 구조는 생명의 필수 조건이다. 오늘날 막으로 둘러싸이고 정체성과 통합성을 지닌 존재는 세포다. 생명은 세포성을 온전히 구비한 상태에서 생겨났다. 모로위츠가 말한 것처럼, 현재의 세포들은 "사실상 화석"이다.

현재 모든 세포의 유전자는 DNA로 이루어져 있다. DNA와 아주 비슷한 물질인 RNA는 모든 세포에서 단백질을 합성할 때 쓰인다. 단백질의 구조는 주로 아미노산 서열에 따라 정해지는데, 글자들의 서열이 단어에 의미를 부여하듯이 아미노산 서열은 단백질이 무슨 일을 하는지도 결정한다. 단백질들은 크기와 모양이 제각각이며, 각자 기능도 다르다. 어떤 단백질들은 나트륨, 수소, 인산, 칼륨 같은 이온을 운반한다. 검은 눈, 주근깨, 시아노박테리아, 조류의 색소체 같은 색소에 붙어서 에너지를 흡수하는 단백질들도 있다. 근육은 주로 단백질로 되어 있다. 피, 피부, 혀는 단백질이 가득 들어 있는 세포들의 복합체다.

세포는 두 부분으로 나뉘어 일을 한다. 첫째, 세포는 유전자를 복제한다. 이 유전자 생성 단계를 DNA 합성이라고 한다. DNA가 복제된 뒤, 유전 정보 중 한쪽은 그대로 보존된다. 다른 쪽은 '번역'된다. 먼저 유전체 중에서 선택된 부분의 DNA 서열 정보가 RNA로 옮겨진다. 세포에는 리보솜이라는 작은 '공장들'이 있다. 그곳에서 RNA는 단백질 사슬을 만들라고 지시한다. 세포에는 3,000~1만 종의 단백질들이 있으며, 단백질들은 생물의 몸 대부분을 형성한다. 성장은 궁극적으로 단백질 합성(그리고 물론 물의 흡수)을 의미한다. 액체로 채워진 핵막 속의 DNA, RNA, 단백질은 함께 세포라는 자체 유지 구조를 만든다. RNA 분자는 DNA 분자보다 훨씬 더 융통성이 있다. 적절한 화학적 환경이 갖추어지면, RNA는 단백질의 도움 없이도 자가 촉매 방식으로 스스로를 증식시킬 수 있다. 반면에 DNA는 RNA와 효소가 모두 있어야만 복제 과정을 완결지을 수 있다. DNA만 있으면 죽은 것이나 다름없다. RNA는 화학 반응을 촉진하는 능력과 스스로를 복제할 수 있는 능력을 모두 갖추고 있다는 점 때문에, 생명의 역사에서 DNA보다 먼저 나타난 것으로 여겨진다. 우리는 RNA를 전생명에 근접했는지를 나타내는 지표로 삼을 수 있다. 살아 있는 세포보다 작은 것 중에서 자신의 정체성을 유지한 채 자체 증식할 수 있는 것은 없다. 생명은 시작될 때부터 세포, 즉 유전 분자들(RNA 같은)과 그것들을 환경과 격리시키는 기름막의 상호 작용체였다.

물리학자 프리먼 다이슨(Freeman Dyson)은 최초의 생명이 상대적으로 형태가 일정하지 않은 '단백질 생물'과 초분자인 RNA가 결합함으로써, 즉 분자 공생이 이루어짐으로써 생겨났다고 주장한다. 다른 많은 사람들처럼 다이슨은 RNA가 DNA처럼 스스로를 복제하고 한편으로 DNA와 달리 아미노산들을 단백질 서열로 만드는 초분자라는 사실에 깊은 인상을 받았다. 비록 나는 다이슨이 공생이라는 단어를 잘못 사용하고 있다고 생각하지만, 거대 분자 서열들이 독자적으로 발달한 뒤 강하게 상호 작용을 했다는 그의 이야기는 나름대로 설득력이 있다.[5]

다이슨이 말하는 RNA 분자의 독특한 재능들은 실험을 통해 입증되었다. 독일 괴팅겐 연구소의 물리학자로서 1967년 말 '화학 반응론'으로 노벨 화학상을 수상한 만프레트 아이겐(Manfred Eigen)은 RNA 분자들이 시험관에서 스스로 복제한다는 것을 보여 주었다. 그는 컬럼비아 대학교의 돈 밀스(Don Mills), 일리노이 대학교의 솔 스피겔만(Sol Spiegelman)을 비롯한 동료들과 함께 시험관에 든 RNA가 돌연변이를 일으켜서 원래의 '부모' RNA보다 복제 속도가 더 빨라졌다는 결과를 발표했다. 시험관 RNA 분자 자체는 용액에 든 바이러스, 단백질, DNA처럼 살아 있지 않다. 하지만 적절한 자원을 제공하면 그 분자계는 시험관에서 증식하고 돌연변이를 일으킬 수 있다.[6]

1980년대 초, 당시 둘 다 아주 젊은 과학자였던 콜로라도 대학교의 토머스 체크(Thomas Cech)와 예일 대학교의 시드니 올트먼(Sidney Altman)은 중요한 발견을 했다. 그들은 특정한 RNA 분자들이 스스로 복제할 뿐만 아니라, 단백질처럼 행동한다는 것을 발견했다. 그 분자들은 서로 달라붙는다. 그럼으로써 분자 형태가 바뀐다. 체크 연구진은 RNA가 유전 물질을 재배열하고 재조직할 수 있는 단백질처럼 행동한다는 것을 의심의 여지없이, 즉 단백질에 오염되지 않은 상태에서 증명했다. 이런 종류의 RNA를 '리보자임'이라고 한다. 화학 용어로 리보뉴클레오티드라고 하는 RNA 조각들을 넣어 주면, 리보자임은 시험관에서 저절로 진화한다. 리포솜에 들어 있든 그렇지 않든 간에 RNA 혼합물은 세포가 아니라는 점을 강조해 두자. 병에 든 RNA나 DNA 분자는 결코 살아 있는 것이 아니다. 조작하지 않은 채 놔두면, 시험관 RNA도 DNA도, 심지어 바이러스도 살아 있지 않다. 그것들은 진취적인 세균, 원생생물, 곰팡이의 먹이가 된다.

하지만 RNA 분자는 시험관에서 진화한다. 그것은 생화학적 진화가 생명보다 먼저 일어났을지 모른다는 것을 시사한다. 샌디에이고에 있는 캘리포니아 대학교의 제럴드 조이스(Gerald Joyce)와 잭 쇼스택(Jack Szostak)은 리보자임을 처리하여 RNA 복제 속도를 증가시켰다. 노벨상 수상자인 하버드 대학교의 월리 길버트(Wally Gilbert)는 "RNA 세계"라는 용어를 만들어 냈다. 길버트는 여러 가지 뛰어난 착상을 내놓았는데, RNA의 능력에 주목한 그는 복제하는 리보자임으로 작용하는 RNA가 최초의 세포 형성에서 핵심 역할을 했다는 주장도 내놓았다. 나는 RNA 대사 촉진 반응들과 복제 분자가 DNA에 기반을 둔 분자들보다 앞서 나타났다는 데에는 전적으로 동의한다. 하지만 모로위츠가 강조하고 있듯이, RNA 형태의 대사든 DNA 형태의 대사든 둘 다 세포 안에 있어야 살아 있는 것이다.

자체 유지를 하고 자기 복제를 하는 세포의 바깥에는 어떤 생명체도 존재하지 않는다. 지구에서 가장 단순한 최소한의 요건만 구비한 생명체도 사실은 대단히 복잡한 양상을 띤다. 세포벽이 없이 막으로 둘러싸인 작은 공처럼 생긴 세균 세포는 중추적인 분자 상호 작용들, 15종류가 넘는 DNA와 RNA, 유형별로 묶으면 거의 500종류에 달하는 5,000개에 가까운 단백질을 필요로 한다. RNA 자체, DNA 자체, 홀로 떨어져 있는 바이러스는 살아 있는 것이 아니다. 비록 원칙적으로 그렇다는 말이지만, 살아 있는 세포들은 모두 유전자나 바이러스보다 훨씬 더 복잡하다. 세포는 구성 요소들을 교체한다. 환경으로부터 계속 양분과 에너지를 얻어 스스로를 유지한다. 나는 모로위츠의 말에 동의한다. 즉 최초의 생명체가 지금 살아 있는 것들처럼, 막으로 둘러싸인 자체 유지되는 세포였다는 것 말이다.

모로위츠는 연속성의 원리를 이용하여, 무기물로부터 스스로 먹이를 만들고 에너지를 생성하는 세균, 즉 독립 영양 생물이 막에 둘러싸인 최초의 세포라고 주장한다. 광독립 영양 생물은 먹을 필요가 없다. 햇빛을 에너지로 사용하기 때문이다. 화학 독립 영양 생물은 먹을 필요가 없다. 빛은 아니지만 수소가 풍부한 화학 물질을 이용하여 에너지를 얻기 때문이다. 광독립 영양 생물과 화학 독립 영양 생물은 대기의 이산화탄소(CO_2)에서 탄소를 얻는다. 둘 다 유기 화합물을 먹지 않는다. 즉 먹이를 먹지 않는다. 식물, 시아노박테리아, 암모니아나 황이나 메탄을 산화시키는 세균들은 모두 독립 영양 생물이다. 독립 영양 생물의 반대말은 종속 영양 생물로, 초식 동물, 조류나 세균을 먹는 동물, 육식 동물, 동족을 먹는 동물 등 먹이를 먹는 모든 동물을 가리킨다. '먹이를 먹는다.'는 말은 이미 있는 유기물을 먹는다는 말과 같다. 모든 종속 영양 생물은 독립 영양 생물들이 만든 유기물을 먹는다. 독립 영양 생물들은 먹이로 공기를 '먹는다.' 그들은 햇빛을 '먹거나' 수소 기체(H_2), 메탄(CH_4), 황화수소(H_2S), 암모니아(NH_3) 같은 수소가 많이 든 화합물의 독한 힘을 이용하여 증식한다. 독립 영양 생물의 에너지는 불을 일으키는 에너지와 같다. 즉 수소가 풍부한 화합물이 산소와 반응하면서 에너지가 생성된다. 모로위츠는 지구 본래의 무생물 지구화학에 더 가까운 독립 영양 생물이, 나머지 우리 모두를 낳은 원형이라고 본다. 그는 어느 독립 영양 생물이 생명 본래의 열역학적 주기와 가까운지 추론했는데, 광독립 영양 방식보다 화학 독립 영양 방식이 더 앞선다고 추정한다.

세미나에 참석할 때마다 모로위츠는 그 유리 양파의 화학적 껍질들을 하나씩 벗긴다. 얼마 전에도 만나서 그의 이야기를 들었다. 나와 학생들은 그의 이야기를 좋아한다. 우리가 현재부터 활기 없는 화학 활동만이 벌어지는 먼 과거에 이르기까지 생명의 역사를 추적하는 모로위츠 같은 연구자들을 돕고 있다는 것을 실감할 수 있기 때문이다. 우리는 생명 이전의 화학이 세포에 기반을 둔 생물로 전환되는 과정을 알아야 한다. 그래야 세포 소기관들이 어떻게 진화했는지 이해할 수 있기 때문이다. 세포 소기관들은 전생명에서 곧장 출현하여 복잡하게 발달한 것일까, 아니면 세균이었다가 고갱이만 남은 것일까? 나는 이 문제를 곰곰이 생각하고 많은 논문들을 읽지만, 실험실과 교실에서 내가 학생들이나 동료들과 하는 일은 좀 다르다. 우리는 생명을 직접 다룬다. 미생물들과 살아 있는 세포들과 그 구성 성분들을 말이다. 세균, 원생생물, 식물, 곰팡이가 우리의 연구 대상이다. 학생들이나 동료와 함께 나는 미생물의 조상들에서부터 생명의 역사를 추적한다. 우리는 생장과 번식을 관찰한다. 우리는 원생생물의 성 행위와 성숙 과정을 엿본다. 우리는 세균과 원생생물이 환경의 '손상'에 반응하는 양상을 관찰한다. 특히 우리는 영속하는 공동체 구조를 이루고 있는 이 미생물들의 행동, 다채로운 사회 생활, 퇴적물과의 상호 작용에 초점을 맞춘다.

    더껑이 같은 화학 물질들에서 생명이 탄생한 사건은 한 번 일어났을 수도 있고, 여러 번 일어났을 수도 있다. 어쨌든 우리

계통의 최초 세포들은 막에 둘러싸인, RNA와 DNA에 기반을 둔 자체 유지되는 단백질 계였다. 세세한 세포 구조와 대사 활동 측면에서 그들은 우리와 아주 비슷했다. 그들은 외부 환경과 끊임없이 물질을 교환했다. 그들은 먹이와 에너지를 얻고 폐기물을 내보냈다. 그들은 주위 환경에서 얻은 화학 물질로 자신의 구조를 보충하고 유지했다. 사실 고대 세균은 파괴와 열역학적 사망의 위협에 맞서 스스로를 재생산할 만큼 대단히 효율적인 대사 활동을 갖추고 있었기에, 현재 우리 몸의 내부는 산소가 풍부한 현재의 세계보다는 생명이 시작된 초기 지구의 외부 환경과 화학적으로 더 비슷하다. 성장하고 분열하는 세포들로 이루어진 생물은 말 그대로 화학 자체였던 과거의 역사를 고스란히 간직하고 있는 것이다. 생명이라는 책은 수학의 언어나 영어로 씌어진 것이 아니다. 그것은 탄소 화학의 언어로 씌어졌다. 세균들은 다양해지면서 퍼져 나가 지구 전체에서 화학 언어로 대화했다. 헤엄치던 세균들은 헤엄치는 데 필요한 에너지를 생성하는 포도당을 분해하는 세균에 달라붙었다. 유영자와 포도당 분해자 사이에 형성된 동반 관계는 원생생물을 낳았다. 나머지는 역사가 말해 준다. 그것이 내 SET가 제시하는 역사관이다.

6
섹스의 진화

연인은 사랑을 구걸할 때는

무릎을 꿇고 애원하지만

사랑을 소유하고 나면

전혀 다른 사람이 되지.(1314)

성(性)은 미묘하다. 생명의 진화 역사에서 성은 본질적으로 성별이 다른 세포들의 일시적이거나 지속적인 결합을 뜻한다. 생물학적으로 볼 때, 성의 핵심은 짝지은 세포 내에서 유전자들을 재조합하는 강력한 성적 인력이다. 성별이 다른 세포들이 짝을 지어 재조합됨으로써 유전적 조성이 달라지고 새로운 생명체가 출현한다. 동물의 성에서는 유전자의 절반은 난자로부터, 나머지 절반은 정자로부터 온다.

세균은 유전자를 다른 세균에게 기증함으로써 자신의 유전자를 포기하는 방법을 쏜다. 세균에서는 50 대 50으로 기여하는 방식이 존재하지 않는다. 세균은 한 번에 조금씩, 말 그대로 유전자를 거두어들인다. 세균에서는 '그'가 '그녀'와, 즉 유전자를 주는 쪽아 받는 쪽(살아 있는 세균)이 물리적으로 접촉할 때 짝짓기가 이루어진다. '그녀'는 '그'와 별로 다른 점이 없어 보인다. 이 유전자 획득은 가벼운 시간(屍姦)처럼 보일 수도 있다. 이를테면 받는 쪽이 어떤 죽은 세균(주는 쪽)이 물에 남긴 유전자를 그냥 줍는 것이다. 획득한 유전자가 비타민 생산, 기체 방출 등 생존 기회를 높이는 형질들을 담당하는 것일 수도 있다. 때로는 생명을 위협하는 독을 해독하는 단백질 암호를 지닌 것일 수도 있다. 세균의 성은 언제나 일방적이다. 유전자, 오직 유전자만이 어딘가에서 와서 받는 쪽으로 들어갈 수 있다. 물, 바이러스, 죽거나 살아 있는 세균에서 온 것들이.

모든 동물의 성과 마찬가지로 인간의 성은 세균과는 과정이 전혀 다르다. 감수 분열 성이라는 세포 융합 형태의 인간의 성은 동물에서도 식물에서도 찾아볼 수 있다. 감수 분열 성은 선택할 수 있는 것이 아니다. 식물과 동물은 DNA가 풍부한 물에서 유전자를 '마시는' 것이 아니다. 수컷의 정자 세포가 암컷의 난자 세포에 끌려서 다가가면 융합이 이루어진다. 수정은 배아 발생을 자극한다. 동물이든 식물이든 간에 융합으로 생긴 새로운 하나의 세포, 즉 수정란은 이제 두 벌의 염색체를 지닌다. 원래의 난자나 정자에는 염색체가 한 벌밖에 없었다. 그 후 수정란은 분열을 통해 세포 수를 두 배씩 늘리면서 성장한다. 분열하여 하나가 둘로, 둘이 넷으로, 넷이 여덟로 계속 늘어난다. 분열한 세포들은 서로 달라붙은 채 함께 배아를 만들어 간다. 배아는 어느 정도 자라면 어떤 종인지 알아볼 수 있을 만큼 형태를 갖춘다. 배아에서 발달한 올챙이, 이끼 줄기, 식물의 새싹, 파충류 새끼, 울어대는 아기 등 어린 다세포 생물들은 동물과 식물이 다른 생물들보다 서로 더 가까운 사이라는 것을 보여 주는 살아 있는 증거다. 배아를 형성하지 않는 수많은 생물들의 성생활은 식물과 동물의 성생활과는 전혀 다르다. 세균과 그들의 공생 발생으로 생긴 후손들 중에 원생생물과 곰팡이는 동식물과 다른 방식의 성생활을 한다.

세균은 왕성하게 번식할 때는 성을 필요로 하지 않는다. 세균에게 성은 특정한 환경 변화에 대한 반응이며, 이따금 나타날 뿐이다. 반면에 식물과 동물의 성생활은 배아를 만들기 위해 반드시 필요하다. 성이 없다면 동물과 식물의 생명의 역사는 유지되지 못한다. 식물과 동물의 생활사가 시작될 때, 정자의 핵은 난자의 핵과 영구히 융합된다. 이 융합(fusion)은 주기성을 띤 공생 융합처럼 보인다. 먼저 짝을 알아본다.[1] 양쪽은 세포 대사를 파견한다. 세포막이 (적어도) 핵이 지나갈 수 있을 만큼 열린다. 연인 세포들이 융합되면 녹았던 막이 다시 만들어진다. 막이 열리고 취약해졌을 때, 난자는 내용물을 흘리지 말고 해당 세포질과 핵만 들어가도록 해야 한다는 것을 '안다.'

서로 이끌린 존재들의 결합, 즉 유성 생식 과정은 아마 초기 공생과 비슷한 방식으로 시작되었을 것이다. 성적 융합과 공생 융합에서 융합을 이끈 원동력은 아마 굶주림이었을 것이다. 하지만 정의상 성을 통해 결합되는 세포들은 같은 종의 성별이 다른 개체들에서 나온 유전자와 세포질을 의미한다.

도리언 세이건과 나는 『성의 기원』이라는 책에서 감수 분열 성이, 세균의 성이 생긴 지 오랜 세월이 흐른 뒤에 특정한 원생생물들에서 실패한 동족 살해의 형태로 시작되었다고 주장했다.[2] 우리는 성의 복잡한 역사를 이해하려면 원생생물의 생물학을 알아야 한다고 주장했다.

우리는 성적 융합과 공생 융합이 서로 다른 유전자들을 재조합된 생물의 몸속에 몰아넣는 방법이라고 설명했다. 성은 융합과 분리가 주기적으로 되풀이되는 양상을 훨씬 더 잘 예측할 수 있으며, 일시적인 공생보다 덜 창조적이고 덜 우연적이라는 점에서 공생과 다르다. 성적 융합에서는 자손이 부모를 아주 많이 닮고 성별 차이가 비교적 일정하며 예측할 수 있다.

반면에 콩의 뿌리혹, 초록색 히드라, 되새김질을 하는 소, 발광 어류, 홍조류 등 공생 발생적 융합을 통해 형성된 생물들의 몸은 융합하기 전 각자 존재할 때의 몸과 크게 다르다. 공생 발생은 진화적 새로움의 발생이라는 측면에서 볼 때 성보다 훨씬 더 눈부시다. 그러나 친척인 광합성 홍조에 의지하여 사는 비광합성 홍조처럼, 부모가 서로 아주 가까운 친척일 때, 성과 공생은 사실상 거의 구분이 안 된다.[1] 하지만 콩과 식물과 균근 세균, 소와 그 장에 사는 섬모충처럼 융합된 공생자의 부모가 서로 먼 관계에 있을 때, 융합의 산물은 양쪽 부모와 크게 다르다.

유성 생식 생활 방식에서는 어쩔 수 없이 계획된 죽음을 맞이해야 한다. 암수가 염색체를 한 벌만 지닌 정자와 난자를 만들고, 그것들이 다시 합쳐져야 다시 염색체가 두 벌로 돌아가는 큰 주기는 식물과 동물 개체들이 죽어야 한다는 피할 수 없는 명령과 긴밀하게 연관되어 있다. 물론 세균과 다양한 원생생물을 포함하여 모든 생물들은 죽음을 맞이할 수 있다. 굶주림, 탈수, 독은 많은 생물들을 죽음으로 몰아넣는다. 하지만 재난에 따른 죽음은 설정된 시간표에 따라 이루어지는 죽음과 다르다. 원생생물 조상들이 식물과 동물의 몸으로 진화하기 위해서는 희생과 상실이 필요했다. 다세포성과 복잡성은 몸의 노화와 죽음을 예고했다. 죽음, 말 그대로 몸 형체의 붕괴는 감수 분열 성을 위해 치러야 하는 냉엄한 대가였다. 원생동물과 그 후손인 동물과 식물에서 발달한 복잡성은 일종의 성병처럼 죽음을 진화시켰다. 약 10억 년 전 세균 공생자들이 통합되어 영구적으로 안정한 공동체를 이루었다가 원생생물 개체로 진화했을 때, 지금 우리를 불안하게 만드는 예정된 죽음도 함께 등장했다.

많은 원생생물들은 지금도 성과 죽음이라는 기묘한 주제의 다양한 변형 형태들을 보여 준다. 나는 나팔벌레의 일종인 스텐토르 코이룰레우스(Stentor coeruleus)의 삶과 죽음을 종종 지켜본다. 오염되지 않은 연못과 호수에서 흔히 볼 수 있는 푸른색을 띤 이 섬모충은 단성 생식을 한다. 한 개체가 거의 하루마다 자라고 분열하여 둘이 된다. 그러다가 봄이 되면 군생하는 곳에서 짝짓기가 벌어진다. 사발 형태로 모여 자라던 스텐토르들이 모두 서로 열정적으로 짝짓기를 하면서 미시 세계의 축제를 연다. 짝들은 서로 36시간 동안 계속 달라붙어 있다! 하지만 사랑을 나눈 연인은 예외 없이 일주일도 못 가서 죽고 만다. 시들어 죽는 이 원생생물들의 입장에서 보면, 성은 상속과 같다.

동물은 거의 40개 문, 약 3000만 종으로 추정된다. 이들은 모두 각 세대마다 단세포 프로티스트와 같은 단계로 돌아간다. 프로티스트와 비슷한 생식 세포들은 동물 세포들이 조상들의 생활방식을 되풀이할 때마다 성적 융합을 한다. 동물, 식물, 심지어 곰팡이도 진화 경기에 계속 참여하기 위해서는 반드시 성을 지녀야 한다. 이 생물들의 신체 구조는 융합을 통해, 즉 성행위를 통해 생긴다. 죽음은 다양한 조직과 복잡한 생명의 역사를 펼치기 위해 치러야 하는 대가다.

고대의 공생 세균에서 현대의 수많은 지구 생명들이 진화한 과정은 한 편의 대작 드라마다. 그러나 수정란에서 성체로 발달하는 과정도 그에 못지않게 경이롭다. 진화는 35억 년 동안 계속되어 왔다. 검은 우주의 '푸른 구슬'에서 인간 종이 산 기간은 350만 년밖에 안된다. 사람이 성장하는 데에는 35년밖에 걸리지 않는다. 때가 되고 물질들이 잘 조율되면, 거의 언제나 의식을 지닌 존재가 출현한다. 인간의 삶이 시작되는 순간이 언제일까? 그 질문은 생물학적으로 볼 때 불합리하며 지극히 인위적이다. '인간의 생명이 시작'되는 시점이 언제인지는 단지 관습에 따라 정해질 뿐이다. 대중 강연을 하다 보면 이런 질문을 가끔 받는다. "인간으로서의 삶이 시작되는 시점은 언제라고 볼 수 있는가?" 물론 모든 생명체가 그렇듯이, 인간의 삶도 적어도 35억 년 전에 시작되었다! 그 질문은 오해에서 비롯된다. 부모의 생식기가 제때에 접촉하면, 잉태가 되고 자궁에서 예측할 수 있는 발달 과정이 진행된 뒤 출산이 이루어진다. 발생은 꼬리 달린 정자가 모체의 나팔관 벽에 가득한 흔들리는 파동모들을 헤치고 나아가 지방이 가득한 난자와 만나면서 시작된다. 반수체인 정자들은 많은 동료들과 함께 여행을 하지만, 반수체인 난자와 결합하여 살아남는 것은 단 하나뿐이다. 난자는 끈적거리는 단백질들을 분비하여 정자 경쟁의 우승자를 환영하고 그 뒤에 오는 다른 정자들은 막는다. 승리한 정자의 머리, 아버지의 유전자를 모두 담은 23개의 염색체를 지닌 머리는 커다란 난자 세포 속으로 들어간다. 난자의 핵에도 아주 비슷하게 생긴 23개의 모체 염색체가 들어 있다. 두 세포는 합쳐진다. 이 '수정'으로 염색체가 46개인 세포가 생긴다. 따라서 23쌍의 염색체들 중 절반은 어머니에게서 온 것이고, 나머지 절반은 아버지에게서 온 것이다.

포유류의 수정란은 고대의 프로티스트들을 닮았으며, 아마 그들로부터 염색체를 두 벌 지닌 생물이 최초로 진화했을 것이다. 하지만 조상들과 달리, 포유류의 난자는 단세포 상태로 계속 빈둥거리지 않는다. 게다가 세균 먹이를 찾아 연못 속을 파동모로 헤엄치며 돌아다니지도 않는다. 수정된 접합자는 분열하고, 분열의 산물들은 분리되지 않고 서로 붙어 있다. 그 결과 인간 배아가 생긴다. 세포들은 공처럼 모여 자라면서 분화하여 조직과 기관을 만들며 좀 지나면 물고기 같은 형태로 변한다.

세포들이 분열하고 성장하고 이동하고 의사소통하는 과정이 계속됨에 따라, 배아는 태아가 된다. 각 기관들이 계속 발달하면서 배아는 물고기 형태를 잃는다. 아가미구멍과 흔적 기관인 꼬리는 몸으로 재흡수되고, 인간의 꼴이 갖추어지기 시작한다. 태아는 입을 벌리고 자신의 엄지를 빨기도 한다. 공기 호흡을 할 수 없으므로, 탯줄을 통해 숨을 쉰다. 모체의 혈액에서 산소가 태반을 통해 태아의 몸속으로 들어온다. 세상에 태어날 때, 여자 아기는 이미 자신의 아주 작은 난소에 평생 쓸 미수정란을 갖고 있다. 그 미수정란들에는 아기의 몸을 이루는 나머지 세포들의 절반인 23개의 염색체만 들어 있다. 미수정란을 제외한 아기 몸의 체세포들은 부모의 체세포들처럼 두 배로 늘어난 46개의 염색체를 지니고 있다. 남자 아기의 몸에 있는 모든 세포들도 염색체 수가 두 배로 늘어나 있다. 남자는 사춘기가 될 때까지는 23개의 염색체를 지닌 정자를 만들지 않는다. 사춘기가 되면, 정소에서 정자를 만드는 세포들이 남성 호르몬의 자극을 받아 계속 정자를 만들어 낸다. 23개의 염색체 한 벌만 지닌 정자는 90세까지 계속 생산된다. 생식 능력을 지닌 짝의 결합, 성 행위, 자손이 없다면, 진화라는 경기에 참여할 수 없다. 원숭이를 닮은 조상들이 우리를 낳기 위해 열정적으로 짝짓기를 하지 않았다면, 우리는 오래전에 멸종했을 것이다. 동물이 된다는 것은 성적인 존재가 된다는 것이다.

다세포성은 어떻게 시작되었을까? 많은 동료들과 그들의 글을 즐겨 읽는 독자들은 이것이 커다란 진화적 의문 중 하나라고 본다. 동물의 몸은 수정란의 체세포 분열을 통해 섹스 없이 성장한다. 하지만 동물의 몸은 맨 처음에 어떻게 진화했을까? 원생생물 형태의 진핵세포는 적어도 10억 년 전에 클론(clone)을 만들기 시작했다. 클론은 생물의 사본을 뜻하며, 세포 분열의 산물이다. 그렇다면 성이 출현한 이유는 무엇일까?

오래된 동물의 화석들이 전 세계 20여 곳에서 잘 보존된 상태로 발견된다. 멕스코 소노라, 러시아 백해의 상트페테르부르크, 사우스오스트레일리아의 에디아카라, 아프리카의 나미비아, 중국의 여러 지역 등이 그렇다. 이런 지역에는 6억 5000만 년 전과 5억 4100년 전 사이의 동물 잔해들이 보존되어 있다. 하지만 이런 동물들이 등장하기 수억 년 전부터, 유성 생식을 하는 원생생물들은 이미 클론을 만들고 서로 달라붙고는 했다. 자연선택은 조직으로 분화한 몸을 지닌 '개체들'을 선호했다. 다양한 원생생물 군체들, 녹조류, 점균류 등은 처음에는 별 다른 형태를 갖추지 않다가, 진화하면서 점점 복잡성과 개체성을 진화시켰다. 우리가 현재 식물, 동물, 곰팡이라고 말하는 개체들은 고도로 통합된 원생생물 클론들이라고 보아도 무리가 아니다. 그것들은 자연적으로 선택됨으로써, 몸집이 더 큰 새로운 존재가 되었다.

강장동물문과 완족동물문을 비롯한 37개 동물 문들은 약 5억 년 전에 바다에서 진화했다.• 동물들은 식물과 곰팡이 같은 육지에 거주하는 생물 계들이 출현하기 오래전에 출현했다. 전형적인 지질 시대 연표에 따르면, 5억 4100만 년 이전에 출현한 것들은 모두 선캄브리아대에 속한다고 본다. 캄브리아기는 웨일스의 옛 지명인 캄브리아의 이름을 딴 것이다. 그곳에서 동물 골격 화석이 처음 발견되었기 때문이다. 캄브리아기는 지금도 고생물학자들의 상상을 자극한다. 동물은 어떻게 진화했을까? 지질학자 프레스톤 클라우드(Preston Cloud, 1910~1992년)가 주창한 전통적인 견해는 세균과 조류가 수십억 년 동안 살면서 대기 산소 농도가 점점 증가한 덕분에 마침내 동물이 진화할 수 있었다고 본다. 하지만 친한 동료인 마크 맥머너민(Mark McMenamin)

• 4장의 주 5번을 볼 것.

과 그의 아내 다이애나(Dianna)는 동물의 출현이 그저 한 가지 원인으로 일어난 현상이 아니라는 것을 보여 주었다. 산소는 필요조건이지만 충분조건은 아니다. 정자와 난자가 수정된 수정란에서 발달하는 생물이 최초로 등장한 것은 많은 환경 요인들과 유전 요인들이 관여한 결과였다.

나는 맥머니민 부부의 분석에 찬사를 보낸다. 산소 결핍이 동물적 삶을 막았던 것은 아니었다. 즉 대기에 산소가 쌓이자 동물이 갑자기 진화한 것은 아니었다. 나는 산소가 모든 생물에게 제한 요인이었다고는 생각하지 않는다. 세균과 몇몇 모호한 프로티스트들에게만 그러했다. 산소는 동물적 삶의 확산을 뒷받침하는 필요조건이지만 충분조건은 아니었다.

모든 동물들은 전적으로 호기성 생물이다. 그들의 미토콘드리아는 언제나 산소를 요구하며, 산소가 없으면 죽는다. 대기 산소가 풍부해진 시기는 동물이 출현한 시기보다 5억 년 이상 앞섰을 것이다. 어류의 인산칼슘 골격, 절지동물의 키틴질 외골격, 조개와 고둥 같은 연체동물들의 탄산칼슘 껍데기 등의 단단한 부분은 아마 처음에는 폐기물이었을 것이다. 바다에 풍부한 칼슘 이온은 세포 내에서 농도가 높으면 독성을 띤다. 세포의 칼슘 농도는 바닷물보다 1000분의 1 정도로 낮게 유지되어야 한다. 그렇지 않으면 체세포 분열에 관여하는 미소관들이 움직임을 멈추고 성장도 중단된다. 폐기물을 제거하는 형태로 시작된 칼슘 배출은 혁신적인 재활용을 통해 생물의 구조를 지탱하는 수단으로 진화했다. 이빨, 골편, 골격이 진화했다. 단단한 칼슘 폐기물이 인산이 풍부한 물에 침전되면서 영리하고 경제적이고 실현 가능한 방향으로 활용되기 시작했다.

인간은 그 교훈을 잘 새겨 두어야 할 것이다. 우리는 늘 폐기물을 만든다. 생물은 늘어나는 폐기물을 몸 밖으로 배출해야 한다. 버려진 자동차와 플라스틱 제품으로 쓸모 있는 물건을 만들었다고 놀랄 사람은 아무도 없다. 오염물의 재활용은 예전부터 있었다. 우리는 미처 깨닫지 못했지만 현명하게도 먼 조상들의 뒤를 따른 셈이다.

캄브리아기 중반에 생명은 대단히 많은 신기한 동물들을 낳았다. 할루키게니아는 현대의 생명체들과 닮은 점이 거의 없는 괴물 같은 존재다. 발견자들은 튀어나온 돌기가 등에 난 보호용 가시인지 다리인지 확신하지 못했다. 캄브리아기의 또 다른 동물인 피카이아는 부드러운 몸을 가진 유영자로, 현재 모든 척추동물들의 조상으로 여겨진다.

　내 동료들은 그 생물들을 놓고 끊임없이 논쟁을 벌이고 있다. 캄브리아기보다 한참 전인 6억 5000만~5억 4100만 년 전의 사암에 보존된 복잡한 형태를 갖춘 생물들도 있다. 이들은 전 세계 20여 곳에서 많이 발견되었지만, 아직 어느 계에 속하는지조차 제대로 파악되지 않고 있다. 에디아카라 동물군은 대체 무엇일까? 동물 화석일까? 아니면 원생생물들이었을까? 동물과 원생생물이 섞여 있었을까? 그들은 왜 사라졌을까? 그들이 동물 배아(포배)에서 발달했다면, 배아의 흔적이 있어야 한다. 모든 동물들은 포배에서 발달한다. 이 기이한 존재들이 정말 그러했는지 알아낼 방법이 아직 없다. (중국에서 나온 인산이 풍부한 퇴적암인 인산염암을 주사 전자 현미경으로 연구중이므로 에디아카라 배아를 발견할 가능성이 크게 높아졌다.) 마크 맥머너민은 나뭇잎처럼 생긴 프테리디니움(*Pteridinium*)과 세 갈래로 뻗은 트리브라키디움(*Tribrachidium*)이 동물이 아니라고 나를 설득했다. 그는 그것들이 더 온화한 시기에 동물로 수렴하는 도중에 있었던 별개의 계통이며, 동물은 아니라고 본다. 그것들은 자손을 남기지 못한 원생생물이었다 그림 6.

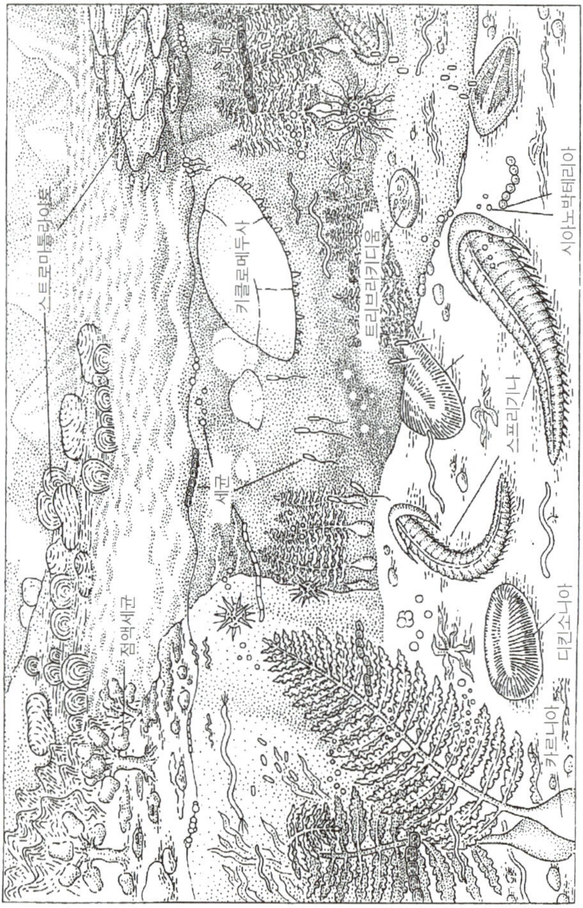

그림 6
후기 원생대의 에디아카라 생물군

식물은 녹색을 띤 조류인 수생 원생생물에서 진화했다. 요오드가 풍부한 김 같은 홍조류는 우리에게 친숙하다. 홍조류 같은 바닷말은 배아에서 발달하지 않으므로 식물이 아니다. 우리가 추정하는 식물 조상의 특징을 지닌 덜 분화한 몇몇 조류들은 일련의 진화적 이정표를 제공한다. 그들은 단세포 원생생물에서 다세포 후손으로 이어지는 가능성이 높은 경로를 보여 준다. 그런 일은 다양한 생물에서 반복해서 일어났다. 작은 클라미도모나스 조상에서 조류인 커다란 볼복스가 진화했을 때처럼, 단세포가 분열했을 때 자손들이 서로 떨어지지 않는 일이 벌어졌다. 로키 산맥과 알프스 산맥 고지대와 매사추세츠 북서쪽 홀리 습지의 눈을 분홍색으로 물들이는 조류도 같은 종류에 속한다. 클라미도모나스는 단세포로 살아가지만, 회전하는 공 모양을 한 훨씬 더 큰 볼복스의 각 세포와 모습이 똑같다. 볼복스는 클라미도모나스처럼 생긴 세포들이 50~50만 개 모여서 이루어진다. 4개, 8개, 16개, 32개 정도의 녹색 클라미도모나스처럼 생긴 세포들이 투명한 젤라틴에 들어 있는 원반 모양의 조류 고니움(Gonium)은 둘의 중간쯤에 해당한다. 클라미도모나스, 고니움, 판도리나(Pandorina), 유도리나(Eudorina), 볼복스 등 볼복스류의 조류들은 세포들이 서로 붙어서 다세포 개체를 만드는 클론이라는 주제의 변주곡에 해당한다. 고니움 소시알레(*Gonium sociale*)라는 종은 네 부분으로 이루어진 납작한 판처럼 보인다. 고니움 소시알레의 세포들은 분리되면 헤엄쳐 다니다가 각자 군체를 만들기 시작한다. 공 모양의 볼복스는 내부에 새끼 군체를 만든다. 생성된 새끼 군체들은 모체를 묶고 있는 젤라틴 막을 녹이는 효소를 분비한다. 그러면 몇 개의 작은 자손들이 '부화'한다. 계절이나 조명이 바뀌면, 볼복스는 분위기를 전환하여 성적 매력을 발산하기 시작한다. 유성 생식 단계로 진입한 이 볼복스 군체는 알을 낳는다. 또 다른 군체는 정자를 낳거나, 암수한몸이 되어 투명한 녹색 공 같은 몸에서 알과 정자를 함께 배출한다. 헤엄칠 수 있는 이 초록색 생식 세포들이 파동모를 움직여 물속에서 꼼지락거리며 돌아다니는 모습은 클라미도모나스와 비슷하다. 하지만 그것들은 개체가 아니다. 그것들은 다세포 개체들을 만들 잠재력을 지닌 존재, 성적 전령이다. 아마 에디아카라 생물군도 현재 사라지고 없는 형태의 다세포 생활 양식을 택했을지 모른다.

    세포들은 서로 협력하다가 군체가 되고 군체는 더 높은 수준의 조직화가 이루어진 개체가 된다. 조직 분화가 이루어지려면 과거의 발달 과정들이 되풀이되어야 한다. 식물과 동물에서는 생식 세포의 융합이 새로운 역사의 출발점이 된다. 민들레, 딸기, 석송, 잔디 같은 식물들도 마찬가지다. 그들은 땅속뿌리를 통해 서로 연결된 채 성의 혜택에 의지하지 않고 자라다가, 나중에야 성적인 양상을 띤다. 암컷만으로 이루어진 도마뱀 집단처럼, 성을 포기한 것처럼 보이는 동물들도 세포 수준에서 보면 여전히 감수 분열과 수정이라는 유성 생식 과정을 진행한다. 염색체를 한 벌 지닌 암컷 세포가 다른 암컷 세포와 융합하는 식이다. 모체는 스스로 세포 성교를 통해 동물 배아로 발달할 아버지 없는 접합자를 만든다.

바로크 양식의 건물처럼 기괴한 '우리'는 돌연변이를 하는 공생 세균의 융합을 통해 약 20년마다 재생산을 한다. 우리의 몸은 체세포 분열을 통해 스스로를 복제하는 원생생물 생식 세포로부터 만들어진다. 공생 상호 작용은 이 행성에 바글거리는 생명의 원료다. 우리의 정수인 이 공생 발생적 복합체는 우리가 인간이라고 부르는 최근에 이루어진 혁신 사례보다 훨씬 더 오래전에 출현했다. 인간이 다른 생명체들과 다르고 훨씬 더 우월하다는 강력한 느낌은 크나큰 망상에 불과하다.

나는 이 망상이 '종 인지(species recognition)'의 필요성 때문에 생긴 것으로 추측한다. 우리는 번식을 하여 더 많은 자손을 낳아야 한다는 필요성과 열정을 느낀다. 진화 경기장에서 계속 활동하려면 짝이 될 만한 자기 종의 개체들을 알아보아야 한다. 하지만 이 성적인 자동 초점 메커니즘은 우리가 여러 종으로 구성된 공생 발생적 존재라는 더 큰 진실을 흐릿하게 만든다. 다중 조성(multicomposition)이 우리의 본질이다.

동물학적 역설은 동물의 성의 진화를 이해하려면 원생생물에 관해 알아야 한다는 것이다. 하지만 동물의 축소판으로 잘못 인식되는 원생생물을 연구하는 생물학자는 아주 적다. 원생생물은 병원균이라는 악당 취급을 받는 세균보다도 더 큰 모욕을 받고 있다. 원생생물은 아예 무시당한다. 치명적인 소독약 살포, 독약, 방부제 용액 등을 접할 때 잠시 흘려들은 정도라도, 대다수 사람들은 세균이라는 말을 들어본 적이 있다. 하지만 현재 25만 종으로 추정되는 원생생물 중에 이름이 있는 것은 몇 종류에 불과하다(아메바, 점균류, 녹조류, 섬모충 등). 그들조차도 그저 생물학 수업 시간에 호기심 차원에서 다루어질 뿐이다.

동물과 식물은 성적으로 상대를 유혹하고 서로 핵을 융합하여 배아를 만들어야 한다. 그들에게 성은 선택이 아니다. 하지만 원생생물들 중에서는 성에 탐닉하지 않는 것들이 많다. 그들은 그러면서도 번식하면서 잘 살아간다.

레뮤얼 로스코 클리블랜드는 하버드 대학교 생물학 교수로 재직할 때, 《사이언스》에 우리의 감수 분열 성의 기원 문제를 해결할 아주 탁월한 이론을 발표했다. 그는 살아 있는 원생생물들의 단점, 어설픔, 심각한 실수에 초점을 맞추어 연구하다가, 수정이 필사적인 상황에서 벌어진 우연한 사고로 시작되었다는 것을 깨달았다. 감수 분열 성은 동족 섭식의 여파로 생긴 생존 전략의 일종이라는 것이다. 클리블랜드는 사멸하는 공동체에서 기묘한 긴장 관계가 벌어지는 것을 관찰했다. 굵은 마스티고트(mastigote) 한 마리가 이웃을 게걸스럽게 먹어 치웠다. 또 한 마리는 굶주린 잠재적 포식자를 피해 꿈틀거리며 달아났다. 클리블랜드는 자신이 불완전한 형태의 동족 섭식 양상을 지켜보고 있다는 것을 깨달았다. 일부 동족 섭식자들은 희생된 형제들의 세포 부속 기관들까지 말끔히 먹어치워 소화시켰다. 그중에 어떤 섭식자는 먹이로 삼킨 희생자의 핵과 염색체를 소화시키지

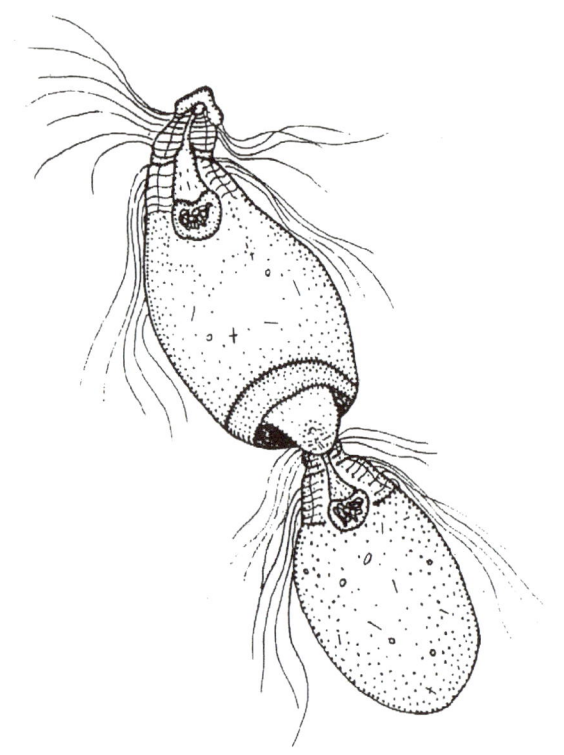

그림 7
원생생물의 짝짓기. 단세포 원생생물의 불완전한 형태의 동족 섭식은 성이라는 휴전 상태를 빚어냈다. 그림은 트리코님파 두 마리의 짝짓기다. 수컷이 수정 고리를 지닌 암컷의 꽁무니로 삽입을 하고 있다.

못하고 그대로 간직할지도 모른다. 그 합병된 두 세포는 핵 두 개와 염색체 두 벌을 지닌 새로운 단세포가 된다. 매일 미소 생태계를 지켜보던 클리블랜드는 동족 섭식이 휴전 상태로 끝난 사례도 발견했다. 그는 서로 가까이 놓여 있던 핵 두 개가 융합된 것을 목격했다그림 7. 그것은 단지 불완전한 동족 섭식 수준이 아니었다. 클리블랜드는 그것이 수정과 동등하다고 보았다.[5]

수정을 통한 융합은 분리를 통해 상쇄된다. 유성 생식에서 분리는 감수 분열을 통해 이루어진다. 감수 분열 성, 즉 '동물의' 성은 많은 원생생물, 모든 식물, 대다수 균류에서도 찾아볼 수 있다. 그것은 특수한 세포 분열을 통해 한 세포의 염색체 수가 절반으로 줄어드는 일련의 과정이다. 감수 분열은 두 단계에 걸쳐 이루어지며, 끝나면 두 벌이었던 염색체가 한 벌로 줄어든다. 이 이른바 반수체 세포는 다른 반수체 세포를 찾아 짝을 짓고 융합되어 배수체 배아를 만든다.

물론 비광합성 원생생물은 성에 탐닉하는 것과 상관없이 계속 먹어댄다. 스트레스를 받으면 닥치는 대로 먹어치우는 개체도 있을 것이다. 탈수되거나 굶주리거나 방사선을 쬐는 등 죽음의 위험이 임박했을 때, 그리고 동족을 먹음으로써 살아남으려는 시도를 할 때, 그들은 홀로 죽기보다는 융합하는 쪽을 택한다.

많은 민물 원생생물들은 어떤 계절이 되면 짝짓기를 한 뒤 죽는다. 접합 포자, 포낭, 혹은 염색체를 두 벌 지닌 다른 형태의 세포 등 짝짓기의 산물은 대개 겨울이나 건기에도 버틸 수 있는 단단한 껍질 속에 들어 있다. 이 단단한 배수체 세포는 대개 처음에는 성장하지 않고 휴면 상태로 지낸다. 그럼으로써 뜨겁고 건조한 여름, 얼어붙는 겨울 같은 어려운 시기에 유전자와 세포 성분들을 보호한다.

배수화를 통한 생존은 환경 위협에 대한 해결책으로 출발했다. 이런 일이 어떻게 일어났을까? 만약 당신이 당신과 아주 비슷한 동료를 먹고 완전히 소화시키지 않는다면, 비교적 단기간에 몸집을 거의 두 배로 늘릴 수 있다. 비대한 사람처럼, 위기에 처한 원생생물은 힘겨운 시기를 맞이했을 때 동족을 먹어 염색체 수를 두 벌로 늘리고 세포질의 양도 두 배로 늘려 궁핍의 시기를 견딜 수 있을지 모른다. 하지만 일반적으로 몸을, 특히 염색체 수를 두 배로 늘리면 한 가지 문제가 생긴다. 위기가 지나가면 이중성이라는 괴물 상태에서 벗어나기를 간절히 원하게 되는 것이다. 원생생물의 본래 상태는 '반수체'다. 즉 염색체를 한 벌만 지닌 생물이다. 반수체 상태로도 그들은 오랜 세월에 걸쳐 놀라울 정도로 다양하게 진화했다. 두 벌의 염색체는 힘든 시기에는 유리했지만, 복잡한 문제를 일으켰다. 그래서 반수체라는 본연의 상태로 돌아가려는 충동이 일었다.

감수 분열-수정 성은 약 10억 년 전에 처음 등장한 듯하다. 하지만 클리블랜드가 말한 것처럼, 부모가 둘인 감수 분열 성은 감수 분열이라는 환원 과정을 통해 배수성이 '해소된' 뒤에야 진화했다. 짝을 먹는 것은 돌아올 수 없는 협곡을 건너는 것과 같았다. 반수체는 동족을 먹고 배수체가 되고, 배수체는 다시 동족을 먹고 4배체가 되었다. 그리고 이어서 8배체 등으로 계속 늘어났다. 염색체와 몸집도 계속 늘어났다. 여분의 염색체와 세포 소기관들을 지닌 배수체 세포는 행동이 점점 느려졌고 일상 활동을 중단하기도 했다. 인간의 유전병 중에 염색체나 염색체의 일부가 하나 더 늘어나서 생기는 다운증후군이 있다. 그 병은 염색체 불균형이 위험하다고 우리에게 경고한다. 하지만 많은 식물들과 포유류 이외의 동물들은 여분의 염색체가 있거나 염색체가 통째로 한 벌 더 있어도 잘 견딘다. 원예가들은 붓꽃,

원추리 같은 식물들의 씨에 체세포 분열 때 방추사의 미소관이 형성되는 것을 억제하는 화학 물질을 처리하여 여분의 염색체를 지닌 더 큰 세포를 만든다. 그런 과정을 통해 아름답고 화려한 꽃들이 만들어지기도 한다. 그런 꽃들은 감탄과 수익을 낳는다. 바람직한 형질을 지닌 그 식물은 널리 퍼질 것이다. 성이 관례적인 것이 되기 전에는 여분의 염색체나 염색체 집합은 사소한 것, 견딜 수 있는 것, 쇠약하게 만드는 것, 위험한 것, 치명적인 것 등 어느 쪽이든 될 수 있었다. 그것은 유전자와 환경의 상호 작용에 달려 있었다. 클리블랜드가 강조했듯이, 배수체인 원생생물이 날씬한 반수체 상태로 돌아가려면 배수성은 역전되어야 한다.

클리블랜드의 분석에 따르면, 동족 섭식을 통해 획득한 여분의 염색체를 제거하는 것이 감수 분열로 향한 첫걸음이었다. 정자, 난자, 반수체 식물 포자를 만드는 감수 분열은 염색체 수를 절반으로 줄인다. 수정과 정반대로, 감수 분열은 배수체를 반수체로 만든다. 배수체/반수체 형성 과정이 완성되어 제때에 제대로 이루어지면서 감수 분열 성의 기원도 마무리되었다.

클리블랜드의 경이로운 통찰력 덕분에, 나는 감수 분열의 진화를 쉽게 이해할 수 있었다. 내가 볼 때 감수 분열 기구 자체는 고대의 스피로헤타-고세균 융합에서 진화했다. 현재 남아 있는 흔적들은 스피로헤타-고세균이 오래전에 행복하게 융합되어 조화롭게 행동했음을 말해 준다. 한때 독립 생활을 했던 존재들이 최선을 다해 협조했다고는 생각할 수 없다. 그들이 이따금 자기 나름의 시간표에 따라 번식하는 반항 행동을 할 때 그렇다는 것을 알 수 있다.

진정한 감수 분열 성은 몇몇 원생생물 계통에서 진화했다. 그 조상들은 짝짓기와 감수 분열이라는 융합과 해소 주기를 계절적으로 반복했다. 먹이, 물, 기타 생존에 필요한 것들이 부족해졌을 때, 동족 섭식형 '원시 짝짓기(protomating)'가 그들의 목숨을 구했다. 궁핍은 융합과 배수체 상태가 되어 살아남도록 유도했다. 하지만 환경이 다시 좋아지면, 예전의 날씬하고 민첩한 반수체 세포 조직이 자연적으로 선택되었다.[4]

공생과 마찬가지로 성도 융합의 문제다. 하지만 그것은 융합체로부터 주기적으로 탈출하는 문제이기도 하다. 성은 주기성을 띤 공생의 아주 특수한 사례로 볼 수 있다. 성(수정란, 접합자)과 공생은 둘 다 공생 동반자의 융합을 통해 새로운 존재를 만든다. 짝짓기 행위는 대개 금방 끝난다(주혈흡충은 예외다. 흡충류인 이들은 교미한 자세로 그대로 달라붙은 채 계속 수정란을 만든다.). 동물과 식물에서 성적 융합으로 생긴 새로운 존재는 짝짓기를 하는 시간에 비하면 비교적 오래 존속한다. 주기적인 공생 관계를 맺는 발광 어류, 질소 고정 세균, 식물 뿌리의 인산을 이동시키는 곰팡이 생물들에서도, 융합된 존재는 각자 떨어져 있을 때보다 더 오래 산다. 하지만 세포 공생은 그보다 더 깊고 더 영속적이고 독특한 융합이다. 세포 소기관을 낳은 진화적 순간을 거친 세포 공생에서는 짝짓기 행위가 사실상 영구적인 것이기 때문이다.

7
초바다의 해변에서

> 태양은 불필요했어.
> 미덕이 죽은 시대에는.(999)

얼마 전 워싱턴에 있는 스미스소니언 항공 우주 박물관에서 열린 스타트렉 기념 전시회를 둘러본 적이 있다. 나는 「스타트렉」 시리즈를 한 편도 본 적이 없다. 1970년대에 대한 향수, 등을 떠미는 관중들, 그리고 약간의 호기심이 결합되어 나는 10분 가량 관람을 했다. 지극히 미국적이고 지극히 낡은 드라마였다. 나는 너무 시시하다는 데에 놀랐다. 식물이 전혀 없는 장면들, 가짜 풍경, 우주선 내부, 인간이 아닌 생명체는 전혀 등장하지 않는

설정 등이 너무나 기이해 보였다. 만일 언젠가 인간이 거대한 우주선을 타고 다른 행성으로 여행을 떠난다면, 결코 홀로 가지 않을 것이다. 지구에서처럼 우주에서도 탄소, 산소, 수소, 질소, 황, 인 같은 생명의 구성 원소들은 재순환되어야 한다. 이 재순환은 결코 고급 주택가에서 벌어지는 자기 만족 행위 같은 것이 아니다. 그것은 기술이 아무리 발전해도 떨어낼 수 없는 생명의 기본 원리다. 인간이 먼 우주 공간을 항해하려면, 폐기물을 식량으로 재순환할 인간 이외의 다양한 생물들로 이루어진 생태계가 있어야 한다. '생태계 서비스'가 없으면 인간은 어머니 지구와 오래 떨어져 있을 수 없다.

생태계는 생물학적으로 중요한 원소들을 재순환시키는 최소 단위다. 이산화탄소는 화학적으로 '고정되어' 식량과 몸(유기 탄소)으로 전환된다. 유기 탄소는 배출되거나 반응하거나 분해되거나 다른 유기물질로 전환된다. 유기 탄소는 궁극적으로 누군가의 효소나 심호흡을 통해 산소와 반응하여 다시 CO_2 형태로 방출된다. 이런 의미에서 탄소는 순환된다. 질소도 마찬가지다. 대기의 N_2는 거의 화학 반응을 하지 않지만, '질소 고정균'을 통해 아미노산에 필요한 N으로 전환된다. 단백질이 분해되어 아미노산이 방출되고 아미노산이 다시 질소 폐기물로 전환된 후 다시 공기의 N_2 기체가 되면, 질소 순환이 완결되었다고 말한다. 원소 순환은 두 생태계 사이에서보다 한 생태계 안에서 더 빨리 이루어지지만, 어떤 화학 물질도 한 생태계에 완전히 고립되어 있지 않다. 나는 지구가 가이아 여신의 화신이라는 개념보다 '생태계들'의 망이라는 개념을 더 선호한다. 동료인 대니얼 보트킨(Daniel Botkin)은 생태계를 "외부에서 유입되는 에너지와 물질을 이용하여 같은 시간에 같은 장소에서 사는 생물 종들의 공동체"라고 정의한다. 나는 생태계가 생물들이 에너지와 물질을 계 사이에서보다 계 안에서 더 빠른 속도로 재순환시키는 지표면의 한 공간이라는 보트킨의 주장에 동의한다. 한 생태계에서 생물들이 필요로 하는 물질과 에너지는 생명 유지에 필요한 많은 화학 물질들을 재순환시킴으로써 충족된다. 화성을 '지구화'하거나, 다른 행성에 정착하거나, 우주에서 장기간 살기 위해서는 인간과 기계 장치 말고도 훨씬 더 많은 것들이 필요하다. 짜임새 있고 효율적인 생물 군집들이 필요할 것이다. 공생과 다양성 덕분에 생물이 고생대에 메마른 육지로 올라와 정착할 수 있었던 것처럼, 인간이 외계 공간에 정착하기 위해서는 생물과 함께 사는 것이 중요하다. 우주에서 살게 되는 날이 실제로 온다면, 생물은 다양한 생명체들 사이의 새로운 공생을 포함하여 신체적 동맹을 맺을 필요가 있을 것이다.

새로운 상호 작용 패턴을 낳는 새로운 공생은 생물이 지구의 중요한 영역들에 정착할 때 핵심적인 역할을 수행했다. 육상 거주자들은 식물과 곰팡이 사이의 특수한 공생 덕분에 마른 땅에서 버틸 수 있는지도 모른다.

식물의 뿌리와 곰팡이는 균근이라는 뿌리 뭉치를 이루어 함께 자란다 그림 5. 곰팡이와 식물은 복합체를 이룬 덕분에 모래, 흙, 자갈 같은 황량한 메마른 땅에 정착할 수 있었다.

생명은 바다에서 진화했지만, 생명이 적대적인 새 환경 맨땅에서 살 수 있었던 것은 오로지 상생(interliving), 즉 공생 발생 덕분이었다는 논리가 우세하다. 강한 태양 자외선, 치명적인 탈수, 양분 부족은 지금보다 5억 년 전의 육지에서는 훨씬 더 심각한 문제였다.

공생 발생 덕분에 생물은 지구의 메마른 땅을 점유 가능한 부동산으로 개발할 수 있었다. 육지에 자리 잡은 최초의 공생자는 세균이 아니었을 가능성이 높다. 화석 기록을 남긴 가장 오래된 대형 육지 생물은 아마도 식물-곰팡이 복합체였을 것이다. 세계에서 가장 오래된 식물 화석은 흔히 검은 부싯돌이라고 불리는 암석인 처트에서 나온다. 가장 보존이 잘 된 식물 화석들을 함유한 처트는 스코틀랜드 라이니 근처의 한 채석장에서 나온다. 라이니 화석은 인근의 온천에서 규소를 많이 함유한 물이 흘러든 덕분에 아주 세세한 부분까지 잘 보존된 듯하다. 라이니 처트에 숨어 있는 보물들 중에 화석이 된 조류의 몸속에 있는 원생생물의 일종 키트리드(chytrid)가 있다. 그 조류 자체는 4억 년 전 식물의 줄기 속에 살았다! 그 화석들은 최초의 육상 생물들에 대해 놀라울 정도로 많은 단서들을 제공한다. 라이니 처트에 온전히 보존된 한 곤충 화석의 소화관에는 곰팡이의 후막 포자(chlamydospore)가 들어 있었다. (후막 포자는 추위와 가뭄에 견딜 수 있다. 후막 포자는 유성 생식과 무관하게 곰팡이 균사가 끊어져서 생기는 번식체다.)

캐나다 식물학자 K. A. 피로진스키(K. A. Pirozynski)와 데이비드 맬록(David W. Malloch)은 4억 5000만 년 전 식물의 기원을 설명하기 위해 '곰팡이 융합' 개념을 제안했다. 그들은 공생 발생을 통해 곰팡이와 조류가 공진화했다는 가설을 세웠다. 오랜 진화의 동반자들이 서로 결합했다는 것이다. 궁극적으로 식물은 내부로 들어온 곰팡이에게 수액을 제공했고, 곰팡이의 균사는 튼튼한 가지와 뿌리로 발달했다. 캘리포니아 어바인 대학교의 피터 애스태트(Peter Astatt)는 식물이, 분해하고 흡수하는 곰팡이의 능력을 활용하여 셀룰로오스 세포벽을 분해한다고 지적함으로써 피로진스키-맬록의 가설을 더 확장시켰다. 한 예로 곰팡이와 식물은 둘 다 토양으로 키티나아제 효소를 분비한다. 애스태트는 식물이 곰팡이와 장기간 관계를 맺다가 곰팡이 유전자를 훔쳤다고 주장한다.

현재의 균근은 뚜렷이 알 수 있을 만큼 부풀어 오른 공생 구조를 형성한다. 가끔 색깔을 띠기도 한다. 균근은 공생 발생의 한 형태로서, 곰팡이와 식물 뿌리 조직의 상호 작용을 통해 형성된다. 균근은 식물 동반자에게 광물질 양분을 주고, 토양에서 얻은 인과 질소를 공급한다. 식물은 곰팡이 동반자에게 광합성 산물인 먹이, 즉 수액을 제공한다. 현대의 균근 곰팡이도 고대 화석에서 발견된 것과 놀라울 정도로 흡사한 후막 포자를 만든다. 리니아(*Rhynia*)를 비롯하여 라이니 처트에서 발견된 4억 5000만 년 전의 식물 화석들도 부풀어 오른 뿌리를 갖고 있다.

곰팡이와 식물은 마른 땅에서 살기 시작했을 때부터 이미 생산적인 공생 관계를 형성했던 것이다.

육지로 이동했다는 말은 물에 사는 조류에서 식물이 진화했다는 말과 동의어였다. 육지에서 살아남으려면 강인해야 했다. 강한 내구성, 건조 저항성, 충분한 양분 섭취 능력 등을 갖추어야 했다. 애스태트는 아직 동료들을 설득하지 못했다. 그는 조상 조류가 서식지와 결별하는 이 큰일을 성사시키는 데에는 곰팡이와의 공생이 필요했다고 주장한다. 바닷가에서 떠다니던 녹조류가 어느 날 갑자기 크게 자라서 식물이 된 것이 아니라는 말이다.

남극 빅토리아 랜드에는 살을 엘 정도로 추운 지옥 같은 건조 계곡들이 있다. 노출된 바위에 주기적으로 몰아치는 강풍이 여름에 잠시 녹던 얼음을 즉시 다시 얼린다. 그러나 바위 밑으로 2~3밀리미터 들어간 곳에서는 곰팡이, 조류, 세균의 공생자인 지의류가 군집을 이루고 번성하고 있다. 그들은 사암의 구멍 안에서도 살아간다. 그들은 석영의 결정 입자로 스며드는 햇빛을 받으며 살아간다. 그렇게 암석에서 살아가는 곰팡이-지의류의 무게를 지구 전체로 따지면 13×10^{13}톤으로 추정된다. 바다에 있는 모든 생물들을 합친 것보다 더 많은 생물량이다! 가파른 바위에 달라붙어 있는 곰팡이라는 보호 덮개 밑에서 자라고 있는 조류는 바위 표면을 점점 뒤덮다가 결국 바위를 부수어 식물의 뿌리와 곰팡이의 균사 망이 뚫고 들어갈 수 있는 토양을 만든다. 회전하는 행성의 이 단단한 암석은 곰팡이와 조류가 동반자 관계를 형성한 뒤로 수억 년에 걸쳐 양분이 풍부한 토양으로 분해되어 왔다. 또 지의류는 온대 지역에서 생명이 살기에 적합한 땅을 만드는 데에도 주도적인 역할을 한다.

수십억 년에 걸쳐 생물은 물이라는 고향에서 메마른 땅으로 서식지를 확장했다. 맥머너민 부부는 육지로 이주한 생물들이 "초바다(Hypersea)"를 형성했다고 말한다.[1] 생명은 우아하고 새롭고 경이로울 정도의 큰 규모로 한 번도 가본 적이 없는 곳으로 퍼져나갔다. 현재 육지에 사는 종들의 수와 다양성, 그리고 종들의 상호 연결 양상은 생명의 본래 서식지였던 바다의 종들을 훨씬 초월한다. 육지의 생물량은 바다의 생물량보다 수천 배까지는 아니라 해도 수백 배는 된다. 이 엄청난 생물량 중 대부분인 약 84퍼센트는 나무들이 차지한다. 지구에 숲이 형성되어, 바다라는 자궁 너머로 생명의 서식지가 극적으로 확장되면서 육상 환경은 극적으로 재구성되었다. 물, 즉 바다라는 외부 순환계에는 황산염과 인 같은 양분들이 자유롭게 떠다녔지만, 육지에 사는 광합성 생산자는 그런 양분들을 제대로 공급받지 못했다. 이 양분들은 초바다 망 자체를 통해 수송되어야 했다. 육지로의 이동은 새로운 건축과 하부 구조를 수반했다.

생명이 사는 곳에서는 생명을 통해 물이 흘렀다. 세포질은 80퍼센트 이상이 물로 이루어져 있다. 마크 맥머너민과 고생물학자인 아내 다이애나 맥머너민은 '초바다'라는 쉬운 개념을 통해 공생 발생적 상호 연결이 빚어낸 심오한 결과에 주의를 환기시킨다. 맥머너민 부부가 초바다라고 말한 것은 주로 균근 곰팡이에 의존하는 식물의 뿌리 체계를 가리킨다. 균근 공생자, 즉 식물의 뿌리털과 뒤엉켜 있는 곰팡이는 현재 파악되어 이름이 붙여진 것만 해도 5000종이 넘는다. 축축한 곳을 뒤덮고 있는 이끼나 우산이끼 같은 몇몇 식물들을 제외하고 초기에 출현한 리니아를 비롯한 식물들은 모두 관다발식물이다. 관다발식물은 순환계를 갖추고 있다. 순환계는 땅에서 물을 퍼 올려서 줄기와 잎으로 보내고, 광합성 산물들(양분)은 밑으로 보낸다. 땅속에서 연결망을 이루고 있는 미세한 균근은 거의 눈에 띄지 않고 제대로 평가도 받지도 못하고 있다. 그러나 말 그대로 낮은 곳에 있는 그 동반자가 현재 우리가 보는 식물들이 거둔 엄청난 성공의 밑거름이 되었다.

균근 곰팡이는 지구 전체에서 중요한 역할을 하고 있지만, 송로버섯이 자랄 때처럼 그저 어쩌다가 한 번씩 우리의 관심을 끌 뿐이다. 이탈리아와 프랑스 요리에 널리 쓰이는 송로버섯은 균근 곰팡이의 포자를 만드는 생식 기관이다. 송로버섯은 돼지와 개를 유혹하는 독특한 향기를 풍긴다. 돼지와 개는 냄새로 활엽수의 뿌리에서 자라는 그 버섯을 찾아낸다. 균근을 가진 식물은 자연적으로 선택된다. 양분이 부족한 토양에서 균근을 지닌 식물은 일찍부터 더 크게 자라며, 곰팡이와 동반자 관계를 맺지 않은 식물들보다 질소와 인산을 더 많이 가지고 있다. 사실 살아 있는 식물의 90퍼센트는 균근 공생자를 가지고 있다. 모든 식물의 80퍼센트 이상은 이 곰팡이 협력자가 없어지면 죽고 만다. 초바다는 세상을 지배한다.

맥머너민 부부의 개념은 비판적인 평가와 비판적인 찬사를 받을 필요가 있다. 러시아 광물학자 블라디미르 베르나드스키(Vladimir Vernadsky, 1863~1945년)는 생명을 거대한 지질학적 힘으로 이해했다. 초바다를 예견한 듯이, 그는 생물을 "살아 있는 바다(animated water)"라고 했다. 살아 있는 바다라는 말은 생명을 탁월하게 묘사한 표현 중 하나다.[2]

식물은 습한 환경을 재창조하고 그것을 몸속에 봉인함으로써 육지로 이동할 수 있었다. 나무는 물을 가두고, 그것을 육지로 옮기고, 증발산을 통해 통제하는 일을 아주 잘 해 낸다. 셀룰로오스와 리그닌으로 강화된 조직들이 가지를 치면서 망을 이루고 있는 나무는 당연히 관다발식물이다. 폴리페놀 탄소 화합물들이 복잡하게 뒤엉켜 이루어진 리그닌은 나무를 단단하게 만든다. 4억 년 전에 출현한 나무들은 생물권 전체를 위로 바깥으로 크게 확장시켰다. 생물권이 바다와 민물 밖으로 뻗어나가 육지에서 수직으로 크게 확대될 수 있었던 것은 식물과 곰팡이가 긴밀한 관계를 이룬 덕분이며, 지금도 마찬가지다. 곰팡이는 육상 거주자들의 왕국에서 눈에 확 띄는 존재다. 그들은 광합성을 하지 않고 흡수를 통해 먹이를 얻는다. 파동모를 갖고 있지 않으므로, 그들의 세포는 헤엄치지 못한다. 하지만 그들은 일시적인 가뭄에도 살아남을 수 있다! 곰팡이는 그 어떤 성인보다도 훨씬 더 오래 참고 견딘다. 그들은 그 자리에서 마냥 기다린다.

이윽고 주위가 다시 축축하게 젖어들면 그때서야 다시 활동을 시작한다. 곰팡이들은 대부분 복잡한 균사 망, 세포질로 가득한 먹이 섭취관들의 망을 형성한다. 곰팡이는 홀로, 또는 지의류의 형태로 조류와 협력하여, 또는 균근 형태로 식물 뿌리와 함께, 육지를 정복했고 널리 퍼져나갔다.

공생 발생은 바다로부터 메마른 땅으로, 이어서 하늘로 생명의 조수를 끌어당긴 달이었다. 육지에 있는 물의 망, 식물과 연결된 곰팡이들이라는 살아 있는 물이 바로 맥머너민 부부가 말한 초바다다. 인류가 언젠가 외계 공간으로 긴 여행을 떠난다고 하더라도,「스타트렉」에서 보여 준 것 같은 밋밋하고 황량한 방식으로는 불가능할 것이다. 우리 행성의 동료들을 인위적으로 우리에게서 떼어 놓으면, 살풍경하고 지루한 수준을 넘어서서 끔찍한 상황이 벌어진다. 우리가 아무리 자기 중심적으로 생각해도, 생명은 훨씬 더 폭넓은 계를 이룬다. 우리 피부 바깥(그리고 안쪽)에 있는 수백만 종들은 물질과 에너지 측면에서 믿을 수 없을 만큼 복잡하게 서로 의존하고 있다. 지구의 이 이질적인 존재들은 우리의 친척이자, 우리의 조상이자, 우리의 일부다. 그들은 우리의 물질을 순환시키고, 우리에게 물과 양분을 준다. '남'이 없다면, 우리는 살아갈 수 없다. 우리는 살아 있는 물을 통해 공생하고, 상호 작용하고, 상호 의존하던 과거와 연결된다.

8
가이아

> 지구에 침묵은 없네.
> 꾹 참고 견디고 있는데
> 갑자기 소리가 나면, 자연을 실망시키고,
> 세상을 소스라치게 하는
> 그런 침묵은.(1004)

의학 용어 중에 몸 안의 자극으로부터 생기는 운동과 방향을 감지하는 것을 뜻하는 고유감각이라는 말이 있다. 비록 용어는 잘 알려져 있지 않지만, 그 현상은 우리 모두에게 익숙하다. 고유 수용기들은 우리가 똑바로 서 있거나, 고개를 기울이거나, 곁눈질을 하거나, 주먹을 꽉 쥐고 있다고 우리에게 끊임없이 알려 준다. 고유 수용기들은 타인이나 환경 같은 바깥 정보가 아니라 몸 내부의 정보를 담당하는 감각계. 근육에 붙은 신경들은 몸의 위치를 바꾸는 것과 같은 운동을 감지하면 발화한다. 이 자기 감시 신경들은 우리가 발로 서 있는지 머리로 서 있는지, 서 있는 버스에 타고 있는지 시속 60킬로미터로 달리고 있는지를 알려 준다. 지구는 인간이 진화하기 오래전부터 이미 고유감각계를 활용해 왔다. 작은 포유류들은 지진이나 폭우가 온다는 것을 서로에게 알린다. 나무는 매미나방 애벌레가 잎을 먹고 있음을 이웃들에게 경고하는 '휘발성 화합물'을 분비한다. 고유감각, 즉 자기 자신을 감지하는 능력은 아마 자기 자신만큼이나 역사가 오래되었을 것이다. 나는 인류가, 가이아가 최근에 얻은 고유 수용기 능력을 증대시키고 계속 촉진한다고 생각한다. 보르네오 숲에 불이 나고 미국 헬리콥터가 이탈리아의 알프스 산맥에 충돌했다는 소식이 뉴욕 시의 텔레비전 뉴스를 통해 널리 방영되는 것이 한 예다. 하지만 멸종한 늑대 무리와 공룡들도 나름대로 고유감각적인 사회적 의사소통을 했다. 지구 신경계가 인간의 출현과 함께 시작된 것은 분명 아니다. 생리적으로 조절되는 지구를 뜻하는 가이아는 인간이 진화하기 훨씬 전부터 지구 수준의 고유감각적 의사소통을 했다. 공기는 열대의 나무들, 짝짓기 준비가 된 곤충들, 치명적인 세균들이 뿜어내는 기체와 용해성 화학 물질을 순환시켰다. 시생대부터 이미 사랑의 화합물들은 봄의 산들바람에 실려 떠다녔다. 전자 시대에 들어서자, 고유감각의 속도는 더욱 빨라졌다. 1996년 4월 영국에서 열린 제2회 가이아 학회인 '옥스퍼드의 가이아'에는 과학자들과 환경 운동가들이 모여서 초유기체(superorganism)에 대해 토론했다. 지구의 모든 생물들이 하나의 초유기체를 이루고 있을까? 생명이 가이아라는 하나의 자기 조절체일까? 초유기체 개념이 마음에 들긴 하지만 과학적으로 입증되지 않은 행성의 조화라는 개념을 선동하는 것은 아닐까?

이런 생각들을 놓고 40여 명이 토론을 벌였다. 그들은 한 가지 합의에 도달했다. 이스트런던 대학교에 '지구 생리학 협회'를 설립한다는 것이었다. 반갑게도 이 결정은 1997년 말 번복되었다. 가이아를 살리고, 지구 생리학을 죽이기로 말이다. 이 새 기관은 지금 '가이아: 지구 시스템 과학 연구 및 교육 협회'라고 불린다. '가이아' 학회는 1998년 2월 9일 런던 왕립 학회 건물에서 개회식을 열었다. 생물 다양성에 관한 세계적 권위자이자 개미의 사회적 행동과 기술 능력을 연구하는 전문가 에드워드 윌슨(Edward O. Wilson)이 비디오테이프를 통해 축하 인사를 보냈다. 가장 역사 깊고 가장 권위 있는 학회의 본산에서 정식 개회식을 연 것은 가이아 이론을 알리기 위한 하나의 방법이었다. 대서양 반대편에서 가이아 팬임을 자처하는 저명한 하버드 대학교 교수로부터 비디오로 축하 인사를 받은 것도 속뜻이 있었다. 가이아 과학에 기여하는 사람들끼리 대화를 나누면 나눌수록 우리는 우리가 그토록 깊이 의지하고 있는 지구 표면에 얼마나 무지한가를 깨닫게 된다.

많은 사람들의 주장과는 달리, 가이아 가설은 '지구가 하나의 생물이다.'라는 것이 아니다. 하지만 생물학적 의미에서 볼 때, 지구는 복잡한 생리 과정들을 통해 유지되는 하나의 몸이다. 생명은 행성 수준의 현상이며, 지구는 적어도 30억 년 동안 살아 왔다. 내가 볼 때 인간이 살아 있는 지구를 책임지겠다고 나서는 모습은 우스꽝스럽다. 그것은 능력은 없으면서 말로만 떠드는 것과 같다. 우리가 지구를 돌보는 것이 아니라, 지구가 우리를 돌보는 것이다. 혼란에 빠진 지구를 올바로 이끌라거나 병든 지구를 치유하라는 우리의 주제넘은 도덕적 명령은, 우리가 자기 기만에 빠질 수 있는 대단한 능력을 지니고 있다는 증거일 뿐이다. 우리는 오히려 자기 자신으로부터 스스로를 보호할 필요가 있다.

1996년 학회의 중심 인물은 가이아 가설의 주창자인 제임스 러블록이었다. 러블록은 1970년대 초에 생명 전체가 자신이 이용하는 환경을 최적화한다는 주장을 내놓았다. 생물학자들은 최적화라는 말에 울컥했다. 그들은 생명이 계획을 짤 수 있다는 것이 말이 되냐고 반발했다. 나와 만나기 몇 년 전인 1960년대 중반에 러블록은 이미 살아 있는 지구라는 개념을 생각하고 있었다. 당시 그는 미국 항공 우주국에 자문하는 일을 맡고 있었다. 화성에서 생명을 검출할 방법을 고안하는 일을 자문하는 역할이었다. 러블록은 생명이 어떤 행성에 있든 간에 그 행성의 유체들을 이용해야 한다는 것을 깨달았다. 지구라면 대기, 바다, 호수, 강 등을 이용하여 자신에게 필요한 원소들을 순환시키고, 양분을 공급받고 폐기물을 제거해야 한다. 그는 살아 있는 행성은 틀림없이 생명이 없는 행성과 화학적으로 큰 차이를 보일 것이라고 추론했다. 그는 외계 공간에서 봐도 지구 대기가 화학적으로 모순을 안고 있다는 사실을 알아차릴 수 있으리라고 깨달았다. 우리 대기는 메탄보다 훨씬 더 많은 산소를 지니고 있다. 이런 기체들은 혼합되면 대단히 강하게 반응하므로, 농도를 유지하기 위해 계속 적극적으로 노력하지 않으면 그렇게 고농도로 공존할 수 없다. 도저히 있을 법하지 않은 이 대단히 불안정한 혼합물에는 다른 기체들도 많이 섞여 있다. 수소뿐만 아니라 질소도 보통은 산소가 있으면 폭발적으로 반응하지만, 지구 대기에서는 공존한다. 러블록이 화성 생명체 검출이라는 문제를 놓고 씨름하고 있을 당시에도, 지구에서 망원경을 통해 분석한 자료들은 화성이 지구와 달리 비반응성 기체들로 이루어진 안정한 대기를 갖고 있다고 말하고 있었다. 그래서 러블록은 현재 화성에는 생명이 존재할 수 없다고 올바로 추론했다. 어쨌든 화성에 생명이 있는지를 검출하는 임무를 띤 바이킹 탐사선은 화성으로 날아갔다. 내가 볼 때 1976년에 바이킹 탐사선이 지구로 보낸 자료는 러블록이 가이아 이론으로 예측한 것을 확인하는 수준에 그쳤을 것이 뻔하다.

러블록은 관심의 초점을 지구로 돌렸다. 주류 학계와 동떨어진 덕분에 자유로웠던 외톨박이 과학자 러블록은 자신만의 방식으로 관심사를 계속 탐구했다. 그는 대단한 발명가였다. 그의 발명품 중에는 전자 포획 장치도 있다. 전자 포획 장치는 공기에 섞인 플루오르화탄화수소 같은 반응성 기체들의 농도를 측정하는 장치인 기체 크로마토그래피에 부착하는 검출기다. 러블록의 장치는 나중에 개량되어 휴렛-패커드 사를 통해 널리 팔렸다. MIT의 셔우드 롤런드(Sherwood Rowland)와 마리오 몰리나(Mario Molina)는 그 장치를 이용하여, 분무제를 비롯한 다양한 용도로 쓰이는 기체들이 성층권 오존층을 파괴하는 과정을 보여 줌으로써 1995년 노벨 화학상을 받았다. 또 제임스는 살충제의 장기적인 영향을 다룬 레이철 카슨(Rachel Carson)의 주장을 옹호했다. 레이철은 『침묵의 봄(*Silent Spring*)』을 써서 사람들의 주의를 환기시켰다. 러블록은 영국 의학 연구 위원회 산하에서 저온생물학을 연구할 때, 동물과 정자를 얼렸다가 해동시키는 방법을 개발했다. 그는 냉동된 표본을 직접 만든 일종의 전자레인지에서 해동시켰다. (그러나 그는 이 발명에 특허를 신청하지 않았다. 특허를 받으려면 시간이 오래 걸리고 비용도 많이 들고, 사람도 많이 만나야 한다. 한마디로 러블록이 싫어하는 종류의 일이었다.)

러블록은 그 어떤 기관의 도움도 연구비 지원도 전혀 받지 않은 채 생명이 지구의 대기에 어떻게 영향을 미쳤는지를 탐구하면서 홀로 그 분야를 개척해 나갔다. 그는 자기 돈을 써 가면서 기체들을 측정하는 일에 몰두했다. 그러나 동료나 학생과는 끊임없이 의견을 주고받았다. 그런 꾸준한 연구 끝에 내놓은 것이 바로 가이아 이론이었다.

우리는 1970년대 초부터 편지를 주고받기 시작했다. 처음에 그가 보낸 편지 중에 메탄 문제로 머리가 아프다는 내용이 있었다. 산소와 아주 강하게 반응하는 이 기체가 왜 언제나 지구 대기에 측정할 수 있을 만큼 다량 존재하는 것일까? 메탄은 없어졌어야 마땅했다. 그는 그것이 생명의 출현과 관련이 있지 않을까 생각하면서, 이 기체를 만들 만한 것을 아냐고 물었다. 나는 미생물을 다룬 책을 읽은 사람이라면 누구나 할 만한 답변을 했다. 메탄 기체는 세균, 주로 물에 잠긴 토양이나 소의 반추위에 사는 메탄 생성균이 만든다. 메탄 생성균의 대사 산물은 소의 방귀(나는 늘 이쪽이라고 생각하고 있었다.)가 아니라 트림을 통해 대량으로 방출된다. 메탄은 송아지, 암소, 황소의 입을 통해 대기로 방출된다. 대기 메탄은 곧 산소와 반응하여 이산화탄소를 만든다. 대기 메탄이 일정하게 계속 보충되는 것은 분명하다.

2~7ppm의 농도를 계속 유지하고 있기 때문이다. 그래서 러블록은 생물이 대기 메탄 농도를 조절하는 것이 틀림없다고 판단했다. 물론 기체 농도 조절이 다른 방식으로 이루어질 가능성도 있었다.

지질학적 단서들은 지난 30억 년 동안 우리 행성이 점점 차가워졌음을 시사한다. 한편 천문학자들은 전형적인 항성인 태양이 점점 밝아졌다고 주장한다. 그렇다면 점차 차가워진 지구의 지표면은 태양의 영향으로 점점 더 뜨겁게 달구어졌어야 옳다. 그래서 러블록은 기온과 대기 조절이 지구 규모에서 일어나야 한다고 추론했다. 이런 중요한 환경 조건들이 적극적으로 조절되어야 한다는 것을 깨달은 뒤, 러블록은 생명이 자신의 환경을 조절한다고 주장하기에 이르렀다.

러블록은 우리 행성 환경이 항상성을 띤다고 지적했다. 항상성은 생리학에서 빌려온 용어다. 포유류가 환경 변화에도 불구하고 상대적으로 체온을 일정하게 유지하는 것과 마찬가지로, 지구라는 계도 기온과 대기 조성을 안정한 상태로 유지한다. 러블록은 공학 용어를 빌려서, 기온이 음의 되먹임을 통해 일정한 수준으로 조절된다고 썼다. "생명이 기온을 최적으로 설정한다."라는 그의 주장은 오해를 불러일으켰다. 비판을 받기도 했지만, 아예 무시될 때가 더 많았다. 러블록은 행성의 조절 체계가 지구의 생명을 이해하는 핵심이라는 생각에 점점 빠져들었다.[1]

가이아라는 용어는 『파리 대왕(Lord of the Flies)』의 저자인 소설가 윌리엄 골딩(William Golding)이 러블록에게 제안한 것이다. 1970년대 초 그들은 둘 다 영국 윌트셔의 바우어초크 지방에 살았다. 러블록은 골딩에게 "지구 대기의 화학적 이상을 감지하여 항상성을 유지하는 경향을 보이는 인공 두뇌 시스템"이라는 거추장스러운 말을 "지구"를 뜻하는 용어로 대체할 수 있을지 물었다. "네 글자라면 딱 좋겠어요." 백악질 언덕들이 펼쳐진 영국 남부의 멋진 시골 풍경을 감상하며 산책을 하던 중에, 골딩은 가이아가 어떠냐고 제안했다. '대지의 여신'을 뜻하는 고대 그리스 어인 가이아(gaia)는 지질학(geology), 기하학(geometry), 판게아(Pangaea) 같은 많은 과학 용어들의 어원이기도 하다.

그 용어는 누구에게나 쉽게 와 닿았다. 하지만 환경보호론자들과 종교인들이 힘을 지닌 대지의 여신이라는 개념에 혹해서 그것을 다양한 의미로 쓰기 시작하면서, 가이아는 비과학적인 의미들을 함축한 용어로 변했다. 그래서 1996년 옥스퍼드 학회가 열리기 직전 러블록은 지질학과 생물학이 "단단히 결합된", 즉 긴밀하게 연관된, 생물의 몸 같은 행성 표면을 연구하는 분야를 지구 생리학이라고 부르자고 제안하기에 이르렀다.

많은 과학자들은 지금도 가이아라는 말에 반감을 갖고 있다. 그 단어뿐만 아니라 그 안에 담긴 개념까지도 말이다. 아마도 반과학적이고 반지성적인 부류의 사람들이 그 용어를 즐겨 쓰기 때문일 것이다. 그 용어는 대중 문화에서 흔히 쓰이고 있는데, 하나의 생물을 일컫는 어머니 지구라는 개념으로 주로 쓰인다. 인간이 헤아릴 수 없는 존재인 살아 있는 여신 가이아는 우리가 그녀의 몸에 환경적 모욕을 가하면 처벌하고, 축복을 내리면 보답을 한다는 식으로, 지구를 인격화하는 데에 쓰이는 것이다. 나는 이런 인격화를 유감스럽게 여긴다.

행성계에 관한 러블록의 이론을 꼼꼼히 살펴보면, 가이아가 하나의 생물이라는 주장은 포함되어 있지 않다는 것을 알 수 있다. 모든 생물은 먹이를 먹거나 광합성을 하거나 화학 합성을 해서 스스로 먹이를 만들어야 한다. 모든 생물은 폐기물을 만든다. 열역학 제2법칙은 다음과 같이 분명히 말한다. 신체 조직을 유지하려면 에너지를 잃어야 하고, 열로 분산시켜야 한다고 말이다. 어떤 생물도 자신의 폐기물을 먹으며 살지는 않는다. 살아 있는 지구인 가이아는 하나의 생물이나 한 생물 집단을 훨씬 초월한다. 한 생물의 폐기물은 다른 생물의 먹이가 된다. 그러나 가이아 계는 자신의 먹이와 남의 폐기물을 구분하지 않음으로써, 지구 규모에서 물질들을 재순환시킨다. 하나의 계인 가이아는 그 몸을 이루는 1000만 종이 넘는 서로 연결된 끊임없이 활동하는 생물들로부터 출현한다. 이 행성 생명은 허약하지도 심하게 변덕스럽지도 않고, 복원 능력이 아주 강하다. 모든 생물은 의식하지 못한 채 열역학 제2법칙에 복종하면서, 에너지원과 먹이 공급원을 찾는다. 그리고 모두 쓸모 없는 열과 화학 폐기물을 배출한다. 그것은 생물학적 명령이다. 각 생물은 성장하며, 그 과정에서 주위의 많은 생물들에게 압력을 가한다. 행성 생명의 총합인 가이아는 우리가 환경 조절이라고 말하는 일종의 생리 현상을 보여 준다. 가이아는 많은 생물에서 골라 뽑은 어느 하나의 생물이 아니다. 그것은 생물들, 그들이 사는 둥근 행성, 에너지원인 태양의 상호 작용에서 나온 창발적 특성이다. 게다가 가이아는 아주 오래전부터 있었던 현상이다. 다투고, 먹고, 짝짓기하고, 배설하는 조 단위의 생물들이 모여 이룬 것이 가이아라는 행성계다. 인간들은 강한 여성인 가이아에게 결코 위협이 될 수 없다. 행성 생명은 털이 없는 짝을 맞이하고 싶은 열망을 지닌 활달한 유인원이 인간성을 꿈꾸기 시작한 때보다 적어도 30억 년 전부터 살고 있었다.

우리는 솔직할 필요가 있다. 우리는 인간 종 특유의 오만함을 버려야 한다. 인간이 '선택'되었다는, 다른 모든 생물들이 오로지 인간을 위해 만들어졌다는 증거는 전혀 없다. 수가 많고, 강하고, 위험하기 때문에 인간이 가장 중요한 종이라는 생각도 잘못된 것이다. 우리가 특별한 혜택을 입은 존재라는 집요한 환상은, 그저 그런 포유류라는 우리의 진정한 지위를 제대로 보지 못하게 한다.

가이아 개념은 대중 문화에서 혼란스럽게 쓰이면서 신화를 만들어 내고 있다. 가이아는 지구에서 산 지 얼마 안되는 우리 자신에게 의미를 부여하고 싶은 열망과 공감대를 형성한다. 가이아는 현대의 청교도주의를 뒷받침하는 것으로 잘못 해석되고 있다. 즉 화창한 지구의 파괴와 '강간'의 위험이라는 여성학적 담론에 동원되고 있다. 자연의 인격화는 오래전부터 있었다. 과학 혐오자들과 언론쟁이들이 가이아 이론을 애용하는 것도 놀랍다. 전자는 앎의 방식일 뿐인 과학이 기술 과잉을 가져온다고 비난하며, 후자는 과학을 형편없는 텔레비전 방송과 잡지를 판매하는 수단으로 쓴다. 가이아 이론은 이렇게 널리 선전되기도 하고 과장되기도 하고 비난을 받기도 한다. 하지만 가이아 이론은 자연을 보존하고 여신에게로 돌아가자는 단순한 이론이 아니다. 가이아는 끊임없이 새 환경과 새 생물을 만들어 내는, 조절이 이루어지는 행성 표면을 가리킨다. 하지만 그 행성은 인간이 아니며, 인간에게 속해 있지도 않다. 인류 문화가 아무리 창의력을 발휘해도, 이 행성에 버티고 있는 그 생명을 죽일 수 없다. 상호 작용하는 생태계들의 방대한 집합에 더 가까운 가이아적 조절 생리 현상으로서의 지구는 각각의 생물을 초월한다. 인간은 생명의 중심이 아니며, 다른 종들 역시 그렇다. 더구나 인간은 생명에 중요하지도 않다. 우리는 유서 깊은 드넓은 전체에서 최근에야 빠르게 성장한 한 부분에 불과하다.

가이아는 인간에게 악의를 드러내지도 인간을 따로 돌보지도 않는다. 그것은 기온, 산성-알칼리성, 기체 조성 조절 같은 지구 규모의 현상을 일컫는 편리한 이름이다. 가이아는 지표면에서 하나의 거대한 생태계를 구성하는 일련의 상호 작용하는 생태계들이다. 그것이 전부다.

화석 증거들은 30억 년의 역사를 지닌 지구 생명이 세계에 비축된 5,000개의 핵폭탄을 모두 폭발시킨 것에 맞먹거나 그보다 더한 충격들을 무수히 견뎌냈다고 말한다. 생명, 특히 세균은 회복 능력이 강하다. 생명은 출현할 때부터 재난과 파괴를 질리도록 겪었다. 가이아는 생태적 위기를 자신의 구성 요소로 삼아 탁월하게 대처하면서 '필요는 발명의 어머니'라는 말을 실천한다.

세균은 처음에는 몸에 필요한 수소(H_2)를 공기에서 직접 얻었다. 나중에 그들은 화산에서 나오는 황화수소(H_2S)를 이용했다. 그러다가 이윽고 물(H_2O)에서 수소 원자를 떼어낼 수 있는 남색을 띤 시아노박테리아가 등장했다. 그들은 대사 폐기물로 산소를 배출했다. 이 폐기물은 처음에는 재앙이었지만, 결국 생명의 지속적인 성장을 추진하는 동력이 되었다. 새 폐기물은 생명의 인내력을 시험하고 생명의 창조성을 자극한다. 우리가 숨을 쉬는 데 필요한 산소는 처음에는 독소였다. 지금도 그렇다. 수많은 시아노박테리아에서 배출된 산소는 인간이 빚어낸 그 어떤 환경 파괴 행위보다 훨씬 더 심각한 재앙을 빚어냈다. 오염은 자연스러운 것이다. '쓰레기 버리지 말 것'은 경고이지, 설명이 아니다. 시아노박테리아의 폐기물은 우리의 신선한 공기가 되었다. 인간은 식물이나 다른 동물을 먹음으로써 필요한 수소를 얻는다. 인간은 먹지 않으면 수소를 얻을 수 없다. 가끔 새로운 생물이 진화하여 남의 에너지, 먹이, 폐기물을 활용하여 급속히 자라고 번식한다. 하지만 집단의 팽창은 반드시 멈추게 마련이다. 자신의 폐기물을 먹거나 들이마시면서 살 수 있는 존재는 없기 때문이다. 집단은 팽창을 막는 장애물과 마주치면 붕괴하거나 서서히 쇠퇴한다. 이런 성장 억제가 바로 찰스 다윈이 말한 '자연선택'이다. 가이아는 집단들의 이런 성장, 상호 작용, 죽음의 총합이다. 서로 다른 수많은 존재들로 이루어진, 다양한 종들이 뒤덮고 있는 행성 표면 가이아는 지구에 있는 유일한 거대 생태계다.

자신을 구성하는 생태계들과 달리, 가이아는 재순환의 천재다. 지구 대기의 약 5분의 1은 산소(O_2)다. 산소는 수소나 수소를 함유한 기체들(CH_4, H_2S, NH_3)과 결합하여, 폭발하고 불을 일으킨다. 에너지를 방출하는 반응은 반응성 기체를 '폐기체', 즉 반응성이 낮은 부산물로 바꾼다. 지구 대기에는 수소, 메탄(CH_4), 암모니아(NH_3), 요오드화메틸(CH_3I), 염화메틸(CH_3Cl), 각종 황 함유 기체들이 함유되어 있다. 반응으로 사라지는 것보다 훨씬 더 빠른 속도로 생명의 부산물로 계속 생성되고 있기 때문이다.

나는 평생지기이자 옛 제자인 로렌 올렌드젠스키(Lorraine Olendzenski)와 함께 매사추세츠 암허스트 대학교(예전 매사추세츠 농과 대학)에서 한 편의 비디오를 만들었다. 그 비디오에는 10년 넘게 미생물 연구자들을 가르쳐 온 미생물학자인 우리의 놀라운 친구 벳시 블런트 해리스(Betsy Blunt Harris)가 출연한다. 그녀는 건강한 암소의 옆구리에서, 구멍, 이른바 '샛길' 구멍으로 장갑을 낀 손을 집어넣는다. 벳시의 손가락이 반추위에 닿는다. 반추위는 모든 소와 되새김질을 하는 친척 동물들이 갖고 있는 네 개의 위장 중 하나인 아주 커다란 위장이다. 그녀는 샛길을 통해 갈색 섬유질 덩어리를 꺼낸다. 주로 반쯤 소화된 풀이다. 그 덩어리는 미생물로 바글거리기 때문에, 현미경으로 관찰하려면 높은 비율로 희석해야 한다. 소의 미생물 공동체에는 헤엄치는 기이한 세포인 섬모충이 들어 있다. 섬모충보다 더 작은 세균들도 반추위에 많이 살고 있다. 풀을 소화시키는 것은 이런 미생물들이다.[2] 그들이 없으면, 소는 풀의 셀룰로오스를 소화시키지 못한다. 그들이 없으면, 소는 삼키지도, 발효시키지도, 게워 내지도, 다시 삼키지도 못할 것이다. 미생물 중개자들이 없다면, 어떤 소도 풀을 먹거나 되새김질을 하지 못한다. 풀이 소화될 때 생기는 기체 산물들 중 하나가 바로 메탄이다. 소가 트림을 할 때 대량의 메탄이 나온다. 소의 메탄은 지구의 공기를 대단히 불안정한 화학 물질 혼합물로 만드는 데 기여한다. 나무를 먹는 흰개미도 메탄을 방출한다. 소와 마찬가지로 흰개미의 위장에도 셀룰로오스를 다양한 화학 물질로 분해하는 미생물이 산다. 수많은 흰개미의 항문을 통해 이산화탄소, 메탄, 질소, 황 함유 기체들이 대기로 배출된다. 대기가 불안정한 기체 체계를 장기간 유지하고 있는 까닭은 끊임없는 미생물들의 활동 때문이다.

러블록은 이런 발견들을 일반화하여 행성의 대기 체계 전체가 '준안정 상태', 즉 반응성을 지닌 불안정한 상태가 지속되는 상태에 있다고 주장했다. 화학 반응성이 유지되는 것은 생물들의 연합 활동 때문이다. 살아 있는 몸뿐만 아니라 활성이 없는 배경이라고 간주하는 대기를 포함한 행성 표면 전체가 화학 평형 상태에서 멀리 벗어나 있다. 따라서 행성 표면 전체가 살아 있다고 보는 편이 가장 낫다.

가이아가 하나의 생물이 아니라는 점은 아무리 강조해도 지나치지 않다. 내 가이아는 우리를 부양하는 어머니 지구라는 예스러운 모호한 개념이 결코 아니다. 가이아 가설은 과학이다.[3] 가이아 이론은, 행성의 표면이 제한된 특정한 방식으로 생리학적 계처럼 행동한다고 가정한다. 생리학적으로 통제되는 측면으로는 표면 온도, 산소를 포함한 반응성 기체들의 대기 조성, pH 또는 산성-염기성 등이 있다.

나는 앞으로 과학자들이 건기와 습기의 주기적 변화, 현재의 금, 철, 인 등 광물들의 분포 양상 같은 다양한 현상들을 가이아를 통해 설명하게 될 것이라고 생각한다. 생물학적 의미에서 행성 차원의 통제된 생리 체계를 갖춘 몸을 의미하는 가이아는 통제하기 어려운 과학자 집단과 그들의 연구를, 세계 대중이 쉽게 이해할 수 있도록 통합할 수 있는 유일한 명칭이다. 인체가 피부, 온도 차이, 혈액 화학, 인산칼슘 골격 등을 통해 안팎의 경계가 뚜렷하게 나누어지는 것처럼, 지구도 지속적인 비정

상 상태의 대기, 안정한 기온, 독특한 석회암과 화강암 등을 통해 주위 환경과 구분된다. 러블록은 지구 대기의 화학을 해변에 만든 모래성이나 새의 둥지에 비유한다. 그것들도 명백히 생명의 산물이다. 행성의 표면은 단지 물리학적, 지질학적, 화학적, 지구화학적인 것이 아니다. 오히려 그것은 지구 생리학적인 것이다. 즉 그것은 끊임없이 상호 작용하는 지구의 생명 집합으로 이루어진 살아 있는 몸의 속성들을 보여 준다.

우리가 대사라고 부르는 생리학적 화학은 생물의 활동에서 비롯된다. 가이아의 화학 계들이 서로 얼마나 밀접하게 연결되어 있는지는 아직 논란거리다. '약한 가이아'는 환경과 생명이 짝을 이루고 있으며 공진화한다고 본다. 반대하는 사람은 거의 없다. 많은 과학자들은 이 개념이 이미 식상해질 정도로 익숙한 것이 되었다고 말한다. '강한 가이아'는 생명을 지닌 행성은 하나의 살아 있는 계이며, 그 생명들이 계의 특정한 측면들을 조절한다고 말한다. 이 개념은 일부 생물학자들, 특히 스스로를 신다윈주의자라고 부르는 사람들의 조소를 받는다. 옥스퍼드 대학교의 리처드 도킨스(Richard Dawkins)를 비롯한 과학자들은 다른 행성계들과의 자연선택을 통해 진화하지 않은 통합된 행성계라는 개념을 거부한다. 러블록은 오락가락한다는 비난을 받아왔지만, 사실 캘리포니아 버클리 대학교의 과학철학자 J. 커슈너(J. Kirchner)가 만든 용어인 '강한 가이아'를 포기했다고 주장한 적은 한 번도 없다. 1988년 미국 지구물리학회 주최의 한 학회에서 커슈너는 '강한 가이아'를 비꼬면서 조롱했다. 슈나이더와 보스턴이 편집한 그 학회 보고서를 보면, 커슈너를 비롯한 사람들이 가이아와 그 철학에 강한 반감을 갖고 있다는 것을 알 수 있다.[1] 하지만 러블록은 가이아가 '목적론적'이라는 원래의 개념을 포기했다고 시인한다. 그는 살아 있는 행성 계가 모든 구성원들에 맞게 환경 조건을 최적화한다는 주장을 더 이상 하지 않는다. 생물 다양성은 가이아가 존속하기 위한 절대적인 필요조건이다. 가장 바람직한 종 목록 같은 것은 없다. 어떤 생물이든 그 일을 할 수 있다. 즉 선택압들, 성장하고 번식하는 모든 생물들에게 가해지는 선택압들은 특정한 조건에서 특정한 종류의 생명을 선호한다. 생물들은 성장하고 팽창하고 폐기물을 제거하고 재순환한다. 그러면서 그들은 다른 생물들에게 엄청난 선택압을 가한다. 그 결과가 바로 가이아다. 생명이 전혀 없다면, 기온과 기체 조성은 물리 요인만으로도 예측할 수 있을 것이다. 태양의 에너지 출력, 화학과 물리학 법칙들이 지표면의 특성들을 결정할 것이다. 하지만 실제 지표면의 특성은 물리학과 화학만을 토대로 한 예측과 크게 어긋난다. 생물학을 뺀 과학만으로는 지표면 환경을 충분히 설명하지 못한다. 기체를 생산하고 기온을 변화시키는 살아 있는 생물들의 다면적 역할들을 고려해야만 비로소 그 불일치는 사라진다. 따라서 가이아 이론은 유용한 과학이다.

새로운 개념은 비판을 불러일으키게 마련이다. 특히 실험의 재현 가능성 여부가 중시되고 논문을 발표하려면 동료들의 심사를 받도록 제도화되어 있는 과학 분야는 더 그렇다. 가이아 개념은 지질학자들, 지구 화학자들, 대기 화학자들, 심지어 기상학자들에게 자기 분야 이외의 과학까지 이해하도록 요구한다. 그들은 생물학, 특히 미생물학을 연구해야 한다. 하지만 학계의 분리주의는 그런 교류를 막는다. 가이아를 받아들이면, 그들이 받아들이고 싶어하지 않는 그런 학제간 활동이 잇달아 이루어질 것이다.

가이아에 새로운 내용이라고는 그 이름밖에 없다고 비판하는 사람들도 있다. 또 지표면이 살아 있다는 명제가 너무 포괄적이어서 검증이 불가능하다고 주장하는 사람들도 있다. 그러나 반드시 그렇지는 않다. 생명을 자연선택을 받는 번식계라고 정의한다면, 가이아는 살아 있다. 정말 그런지 알아보는 가장 쉬운 방법은 단순한 사고 실험을 해 보는 것이다. 미생물, 곰팡이, 동물, 식물을 실은 우주선을 화성으로 보낸다고 상상해 보자. 그들이 화성에서 자급자족하고 폐기물을 재순환하면서 200년 동안 살아가도록 놔둔다고 하자. 가이아는 전체적으로 볼 때 생명의 재순환 계다. 한 가이아에서 싹이 나와 또 다른 가이아를 만들 수도 있다. 그런 소형 가이아의 형성은 사실상 번식과 마찬가지다. 도리언 세이건의 책 『생물권(*Biospheres*)』은 그런 사례를 명확히 보여 준다.[5]

가이아 이론에 대한 또 한 가지 비판은 과학자들의 두려움을 보여 준다. 일부 비판가들은 가이아 이론이 어머니 대지에 관한 고대 신앙과 공명하기 때문에 위험할 정도로 비과학적인 방향으로 흐를 것이라고 우려한다. 그들은 의식적인 통제가 없다면 어떠한 행성적 존재도 조화로운 행동을 할 수 없다고 주장한다. 행성이 대기 산소 농도를 약 20퍼센트로 유지하기 위해 농도를 높이거나 낮추어야 할 시기를 어떻게 알까? 산소 농도는 지구 전체가 불길에 휩싸일 수준보다는 낮고 생물들이 산소 부족으로 죽을 수준보다는 높은 상태에서 요동하고 있다. 가이아는 어떻게 바다에서 염분을 제거하여 염도가 바다 생물들을 위협하는 수준까지 높아지지 않도록 '조치'를 취할 수 있는 것일까? '그녀'는 어떻게 태양의 밝기 증가를 상쇄시킬 만큼 몸 전체를 식힐 수 있는 것일까? 가이아는 어떻게 기온 변화에 맞춰 바다 구름의 면적을 조절하는 것일까? 가이아란 대체 누구란 말인가?

러블록은 가이아가 행성 환경을 조절하는 데 의식은 전혀 필요 없다고 대답한다. 프랙털 기하학이라는 수학 분야에서 이루어진 최근의 연구들은 완벽한 구상을 담고 있는 화가가 아니라도, 알고리듬이라는 단순한 컴퓨터 명령들을 반복함으로써 정교한 그림을 그릴 수 있다는 것을 보여 준다. 생명은 세포 성장과 번식이라는 화학 주기들을 반복함으로써 비슷한 방식으로 매혹적인 '설계안'을 만들어 낸다. 질서는 의식과 무관한 반복 활동을 통해 생성된다. 모든 생명들의 잘 짜인 망인 가이아는 세포, 몸, 사회 등 모든 수준에서 정도의 차이를 보이면서 의식하고 인식하며 살아간다. 고유감각에 비유할 수 있을 법한 가이아의 패턴들은 계획된 것처럼 보이지만, 중추적인 역할을 하는 '머리'나 '뇌'가 없어도 나타난다. 자신을 인식한다는 의미의 고유감각은 동물이 진화하기 오래전, 동물의 뇌가 진화하기 오래전에 이미 진화했다. 식물, 원생생물, 곰팡이, 세균, 동물의 각 지역 환경에 대한 감수성, 인식, 반응은 반복 패턴을 형성함으로써 궁극적으로 지구적인 감수성과 가이아 '자체'의 반응을 낳는다. 러블록은 동료이자 옛 박사 과정 학생인 앤디 왓슨(Andy Watson)과 함께 '데이지 세계'라는 컴퓨터 모형을 개발했다. 그들은 흰색과 검은색 데이지만 사는 행성이 있다고 가정한다. 그 행성은 우리 태양을 모델로 삼은 항성으로부터 빛을 받는다. 그 항성은 수백만 년에 걸쳐 빛을 뿜고 있다. 가정은 그것뿐이다. 성도 진화도 행성의 의식이라는 신비로운 전제 조건도 전혀 없는 상태에서, 데이지 세계의 데이지들은 태양이 행성을 점점 더 데우고 있음에도 행성을 식힌다.

가정들은 직설적이다. 검은 데이지는 열을 흡수하고 흰 데이지는 열을 반사한다. 섭씨 10도 이하에서는 어떤 꽃도 자라지 않으며, 45도가 넘으면 모두 죽는다. 두 온도 범위 안에서 검은 데이지들은 국지적으로 열을 흡수하므로, 기온이 낮을 때 흰 페이지보다 더 잘 자라는 경향을 보인다. 흰 데이지는 열을 반사하여 더 많은 열을 잃으므로, 기온이 높을 때 더 잘 자라서 더 많은 후손을 퍼뜨린다. 처음에 검은 데이지 세계가 있다고 하자. 햇빛이 강해지면 검은 데이지들은 늘어나서 더 넓은 면적을 잠식하고, 열을 계속 흡수하므로 주위 온도까지 올라간다. 검은 데이지들이 덥히는 지표면의 면적이 넓어짐에 따라, 표면 자체도 더워지면서 데이지가 자랄 수 있는 면적도 더 넓어진다. 이 양의 되먹임으로 검은 데이지들이 계속 늘어나면 주위 온도가 계속 상승하고, 그 결과 거꾸로 흰데이지들이 검은 데이지들을 잠식하기 시작한다. 햇빛을 덜 흡수하고 더 많이 반사하는 흰 데이지들은 행성을 식히기 시작한다. 이런 활동들이 누적되면서 태양이 처음에 진화할 무렵에 더 차가울 때에는 행성 표면이 가열되고, 그 뒤 태양의 밝기가 셀 때에는 행성의 표면이 비교적 차갑게 유지된다. 따라서 태양이 점점 뜨거워져도, 행성은 오랫동안 안정한 기온 상태를 유지할 수 있다.

데이지 세계는 가이아 과학에 하나의 전환점이 되었다. 영국 데번에 있는 슈마허 대학의 스테판 하딩(Stephan Harding) 교수는 현재 23가지 색깔의 데이지와 데이지를 먹는 초식 동물, 초식 동물을 먹는 육식 동물로 구성된 데이지 세계 모형을 만들고 있다. 이 모형들은 특정한 종에 바람직한 것과 행성 전체에 바람직한 것 사이에 아무런 관계가 없다고 말한다. 한 생물의 개체군 성장은 자체 붕괴로 이어질 수 있다. 이 모형들은 자연선택과 행성 기온 조절이 수학적으로 어떻게 겹치는지를 개략적으로 보여 준다. 행성 기온 조절은 가이아 행동의 전형적인 사례다. 하딩의 모형들은 차등 생존이 지구 수준에서 나타나는 결과들을 유지하거나 더 나아가 확산시키는 역할을 한다는 것을 보여 준다. 생물학자들은 가이아 이론을 받아들이는 데 덜 주저하는 편이다. 온도 조절은 데이지 세계뿐만 아니라 생물의 몸과 집단의 생리 기능 중 하나이기도 하다. 포유류, 다랑어, 앉은부채, 벌집은 자신의 체온이 몇 도 범위 안에서 유지되도록 조절한다. 식물 세포나 벌집의 꿀벌들은 온도를 유지하는 법을 어떻게 '알까'? 어떤 답이 나오든 간에, 원칙적으로 다랑어, 앉은부채, 꿀벌, 생쥐 세포는 이 행성 전체에 만연한 똑같은 생리적 조절 양상을 보여 준다.

공생 발생의 전성기에 있는 가이아는 본질적으로 팽창 지향적이고, 미묘하고, 미적이고, 유서 깊고, 절묘한 복원 능력을 지닌다. 소행성 충돌이나 핵폭발도 가이아 자체에는 위협이 되지 못했다. 지금까지 인간이 우월성을 입증하기 위해 쓴 방법은 오직 팽창뿐이다. 우리는 수는 더 많아졌지만, 여전히 뻔뻔하고 형편없고 신참이다. 우리가 강인하다고 하는 것은 망상이다. 인간은 무한히 성장하려는 경향에 저항할 지성과 자제력을 지니고 있을까? 이 행성은 인간이 계속 팽창하도록 허용하지 않을 것이다. 고삐 풀린 듯 급격히 증가하는 세균, 메뚜기, 바퀴, 생쥐, 풀의 개체군은 반드시 붕괴한다. 개체수가 늘어남에 따라 자신의 폐기물이 넘치고 먹이 부족이 극심해진다. 그 기회를 틈타 '다른' 종의 개체군들이 팽창한 뒤, 질병이 따라오고, 파괴적인 행동과 사회 붕괴가 이어진다. 초식 동물들도 위기의 상황이 닥치면 지독한 포식자이자 동족 섭식자가 된다. 소들이 토끼를 사냥하거나 자기 새끼를 잡아먹고, 많은 포유류가 한 배에서 나온 몸집 작은 형제자매의 고기를 놓고 각축을 벌일 것이다. 과잉 성장한 집단은 스트레스를 받고, 스트레스는 과잉 성장한 집단을 쇠약하게 한다. 이것은 가이아 조절 주기의 한 예다.

    인간은 이 행성의 동료들과 전혀 다르지 않다. 인간은 자연을 끝장낼 수 없다. 인간은 오직 스스로에게만 위협을 가할 수 있을 뿐이다. 인간이 원자력 발전소의 온수조나 열수 배출구에 번성하는 세균들을 비롯한 모든 생물을 없앨 수 있다는 말은 듣기만 해도 우스꽝스럽다. 나는 인간이 아닌 생명의 동료들이 코웃음치는 소리를 들을 수 있다. "당신들을 만나기 전에 당신들 없이도 잘 지내 왔으니까. 지금 당신들이 없어져도 잘 지낼 거야." 그들은 멋진 화음으로 그렇게 우리를 향해 합창한다. 그들 대부분, 즉 미생물, 고래, 곤충, 종자식물, 새 등은 지금도 노래하고 있다. 열대 숲의 나무들은 평소처럼 자라는 일에 매진할 수 있도록 인간이 오만한 벌목을 끝내기를 기다리면서 자기들끼리 콧노래를 부르고 있다. 그리고 인간이 사라지고 오랜 세월이 지난 뒤에도 불협화음과 화음을 적절히 섞어 가면서 계속 노래 부를 것이다.

부록

주요 생물 집단 *

원핵생물 영역	유전체의 수	진핵생물 영역	통합 유전 체계의 최소 수
(공생 발생에서 유래하지 않음)		(공생 발생에서 유래)	(유전체 또는 1가 염색체)

세균 영역
(모네라)

고세균,
그람양성진정 세균

시아노박테리아를
포함한 그람양성진정
세균
} 1

원생생물
바닷말(모든 조류),
아메바, 섬모충,
점균류,
슬라임네트(slime net),
편모충, 물곰팡이
} 2

곰팡이
사상균, 버섯,
효모, 균근류
} 3

동물
해면동물, 해파리,
게, 조개, 고둥,
어류, 새, 포유류
} 4

식물
이끼, 고사리,
침엽수, 현화식물
} 5

● 그림 2 참조.

주(註)

머리말

1. Lynn Margulis and Dorion Sagan, *Slanted Truths: Essays on Gaia, Symbiosis, and Evolution* (New York: Copernicus Books, 1997): '로버트 오펜하이머와 함께 한 일요일'을 비롯하여 예전에 발표한 여러 글들은 신다윈주의 생물학의 '큰 난제'와 학문간 분리주의의 파괴적인 영향 전반을 다루고 있다. 진화적 새로움의 주된 원천인 공생 발생, 특히 세균의 결합을 통한 공생 발생을 행성적 현상이라는 맥락에서 상세히 다룬 글들이다.

   Lynn Margulis and Dorion Sagan, *What Is Sex?* (New York: Simon & Schuster, 1997): 활기찬 우주가 시작될 때부터 그 이후에 이르기까지 성의 진화를 철학을 가미하여 상세히 탐구한 책이다.

   Lynn Margulis and Dorion Sagan, *What Is Life?* (New York: Simon & Schuster, 1996): 컬러 사진과 흑백 그림이 가득한 이 책은 가장 흥미로운 역사적 질문을 철학적, 과학적으로 탐구한다. 이 책은 유물론과 생기론을 초월한 생명 개념을 주장한다. 지구의 경제와 초유기체로서의 인간의 지위를 태양을 토대로 하여 다룬 내용이 포함되어 있으며, 진화적 발달에서 무시되었던 자유 의지의 역할을 강조한다.

   Gaia to Micrososm, Vol. 1, *Planetary Life* (Dubuque: Kendall/Hunt, 1994):

4편의 짧은 비디오물: *From Bacteria to Biosphere; Photo-synthetic Bacteria-Red Sunlight Transformers; Spirosymplokos deltaeiberi-microbial Mats and Mud Puddles; and Ophrydium versatile: What Is an Individual?*

Dorion Sagan and Lynn Margulis, *Garden of Microbial Delights-A Practical Guide to the Subvisible World* (Dubuque: Kendall/Hunt 1993): 미생물 애완동물을 키우는 요령을 포함하여, 미시 세계의 지식의 역사, 다양성, 유용성을 다룬 안내서이다. 교사와 학생, 자연 애호가, 자연사 박물관 탐방객 등을 염두에 두고 쓰여졌으며, 화보가 가득하다.

Lynn Margulis, *Five Kingdoms Poster*, illustrated by Christie Lyons, designed by Dorion Sagan (Rochester, N.Y.: Ward's, 1992): 교사를 위한 학습 활동 지침서가 포함되어 있다.

Lynn Margulis and Dorion Sagan, *Origins of Sex: Three Billion Years of Genetic Recombination* (New Haven, Conn.: Yale University Press, 1991): 세균의 DNA 재조합, 프로티스트의 세포 융합, 성, 세대 교번, 기타 성적 과정들의 출현 시기와 과정을 진화의 맥락에서 설명한다.

Lynn Margulis and Dorion Sagan, *Mystery Dance: On the Evolution of Human Sexuality* (New York: Summit Books, 1991): 인간의 성적 특징과 행동에 조상들이 어떤 기여를 했는지를 다각도로 개략적으로 설명. 라캉의 정신 분석, 파충류에서 포유류 뇌가 기원한 과정, 유전자 전파에서 질투 어린 폭력의 역할 등을 다루고 있다. 가장 최근에 진화한 조상에서 시작하여 감수 분열과 자외선을 받는 단세포 세균의 성의 기원으로 끝을 맺는다.

Lynn Margulis and Dorion Sagan, *Microcosmos: Four Billion Years of Evolution from Our Microbial Ancestors*, foreword by Dr. Lewis Thomas (Berkeley: University of California Press, paper ed., 1998): 진핵세포의 기원, 지구 대기에 처음에 독소였던 산소의 증가, 미생물 군체로부터 식물과 동물의 출현 등 초기 생명에 관한 이야기를 적은 대중서이다. 서문은 이 책이 전략적으로 인간보다 미생물을 우위에 놓을 필요가 있었다는 점을 상기시킨다. 150억 년 전 우주의 기원에서 시작하여, 인간이 있거나 없을 때의 생명의 미래를 추측하는 데까지 이어진다.

2. 로이스 브린스는 매사추세츠 울스터 해링턴웨이 222번지에 있는 뉴잉글랜드 사이언스 센터에서 '생명이란 무엇인가?'라는 제목의 전시회를 열었다. 크리스티 라이

언스의 미술 작품, 우리 비디오 작품들, SET와 가이아 연구 자료를 보여 주는 이 전시회는 화요일부터 토요일까지 열린다. 시간은 오전 10시에서 오후 5시까지.
3. 에번 아이젠버그의 새 책 『에덴의 생태학(*Ecology of Eden*)』(New York: Alfred Knopf, 1998)은 우리가 자연 및 신과 어떤 식으로 심오하고 복잡한 관계를 맺고 있는지를 상세히 분석하고 있다.

1장 지구는 공생자들의 행성

1. I. E. Wallin, *Symbioticism and the Origin of the Species* (Baltimore: Williams & Wilkins, 1927). Charles Darwin, *On the Origin of the Species by Means of Natural Selection or the Preservation of Favored Races in the Struggle for Life* (London: Murray, 1859).
2. Sorin Sonea and Maurice Panisset, *A New Bacteriology* (Sudbury Mass.: Jones & Bartlett Publishers, 1993).
3. Paul Nardon and A.M. Grenier, "Serial Endosymbiosis Theory and Weevil Evolution: The Role of Symbiosis," in L. Margulis and R. Fester, eds., *Symbiosis as a Source of Evolutionary Innovation* (Cambridge, Mass.: MIT Press, 1991).
4. 1999년 3월 17일 앤드루 위어(Andrew Wier)는 스페인 안달루시아 지방의 푸에르타 데 산타마리아에서 초록빛을 띤 콘볼루타 속(Convoluta)의 새 개체군을 발견했다.
5. 이 생물들과 그들의 활동을 아주 상세히 담은 비디오들이 있다. Sciencewriters, *Gaia to Microorganism* (Dubuque, Iowa: Kendall/Hunt Publishing Company, 1996); Lorraine Olendzen-ski, Lynn Margulis, and Steve Goodwin, *Looking at Microbes: The Microbiology Laboratory for Students* (Sudbury, Mass.: Jones and Bartlett Publishers, 1998).

2장 정통 견해에 맞서다

1. G. G. Simpson, *An Autobiography* (New York: Columbia University Press, 1977).
2. 유전, 기원, 이 세포 소기관들의 진화를 전문적으로 설명한 책은 『세포 진화에서의 공생(*Symbiosis in Cell Evolution*)』(New York: W. H. Freeman, 1993) 제2판. 덜

전문적이지만 같은 내용을 충분히 다룬 문헌은 린 마굴리스와 도리언 세이건의 『마이크로코스모스(*Micro cosmos: Four Billion Years of Evolution from Our Microbial Ancestors*)』다. 세포질 유전학의 흥미롭고도 독특한 역사를 다룬 책도 있다. J. Sapp, *Beyond the Gene* (New York: Cambridge University Press, 1987).

3. J. Sapp, Evolution by Association: *A History of Symbiosis* (New York: Oxford University Press, 1994).
4. B. Ephrussi, *Nucleo-cytoplasmic Relations in Micro-Organisms* (Oxford, U.K.: Clarendon Press, 1953).
5. 주 3번 참조.
6. J. Sapp, *Evolution by Association: A History of Symbiosis* (New York: Oxford University Press, 1994). Dobzhansky: "Nothing in biology makes sense except in the light of evolution," 1973 quote, 187쪽.
7. R. Sager and F. Ryan, *Cell Heredity* (New York: John Wiley & Sons, 1961); also see G. Pontecorvo, *Trends in Genetic Analysis* (New York: Columbia University Press, 1959).
8. E. B. Wilson, *The Cell in Development and Heredity*, 3d ed. (New York: Macmillan Co., 1928).
9. L. N. Khakhina, *Concepts of Symbiogenesis: A Historical and Critical Study of the Research of the Russian Botanists* (New Haven, Conn.: Yale University Press, 1992).

3장 개체는 합병에서 태어났다

1. D. C. Smith, "From Extracellular to Intracellular: The Establishment of a Symbiosis," in *The Cell as a Habitat*, vol. 204 (London: The Royal Society, 1979) 115~130쪽.

4장 생명의 덩굴

1. 대담하고 생산적인 19세기 독일 탐험가이자 생물학자인 크리스티안 에렌베르크의 *What is Life?* 131쪽.
2. H. F. Copeland, *Classification of the Lower Organisms* (Palo Alto, Calif.: Palo

Alto Books, 1956).
3. R. H. Whittaker, *Community Ecology*, 2nd ed. (New York: Macmillan, 1975).
4. R. H. Whittaker, "New Concepts of Kingdoms," *Science* 163: 150~160, 1969.
5. 세균, 작은 원생생물, 작은 곰팡이를 미생물에 포함시킨다. Lynn Margulis and Karlene V. Schwartz, *Five Kingdoms: An Illustrated Guide to the Phyla of Life on Earth*, 3d ed. (New York: W. H. Freeman, 1998). 세균, 원생생물, 곰팡이, 동물, 식물의 각 문(약 100개의 문)을 설명하면서 가능한 한 살아 있는 대표적인 생물의 사진이나 그림을 함께 실었다.
6. Lynn. Margulis, K. V. Schwartz and M. Dolan. *Diversity of Life on Earth: Illustrated Five Kingdoms* (Sudbury, Mass.: Jones and Bartlett 1999). 사막에서 대양에 이르기까지 많은 자연 서식지의 원생생물 그림이 실려 있다. 해당 미생물과 관련이 있는 좀 더 크고 친숙한 생물도 함께 그려져 있다.

5장 세포는 생명 탄생의 기억을 가지고 있다

1. J. Morowitz, *Mayonnaise and the Origin of Life: Thoughts of Minds and Molecules* (Woodbridge, Conn.: Ox Bow Press, 1985).
2. D. Deamer and G. Fleischaker, *Origins of Life: The Central Concepts* (Sudbury, Mass.: Jones & Bartlett, 1994).
3. Francis Crick, *Life Itself: Its Origins and Nature* (New York: Simon & Schuster, 1981).
4. H. J. Morowitz, *Beginning of Cellular Life* (New Haven, Conn.: Yale University Press, 1992).
5. F. Dyson, *Origin of Life* (Cambridge: Cambridge University Press, 1987).
6. M. T. Madigan, J. M. Matinko, J. Parker, *Brock Biology of Microorganisms*, 8th edition, (Upper Saddle River, New Jersey: Prentice-Hall, 1997).

6장 섹스의 진화

1. Lynda J. Goff, "Symbiosis, Interspecific Gene Transfer and the Evolution of New Species: A Case Study in the Parasitic Red Algae," in L. Margulis and R. Fester, eds., *Symbiosis as a Source of Evolutionary Innovation* (Cambridge,

Mass.: MIT Press, 1991).

2. Lynn Margulis and Dorion Sagan, *What Is Sex?* (New York: Simon & Schuster, 1997) and *Origins of Sex: Three Billion Years of Genetic Recombination* (New Haven, Conn.: Yale University Press, 1991).

3. L. R. Cleveland, "The Origin and Evolution of Meiosis," *Science*, volume 105, pages 287-288, 1947.

7장 초바다의 해변에서

1. M. A. McMenamin and D. S. McMenamin, *Hypersea: Life on Land*, (New York: Columbia University Press, 1994).

2. V. I. Vernadsky, *The Biosphere* (New York: Copernicus, Springer-Verlag, 1998; 1926 in Russian).

8장 가이아

1. James E. Lovelock, *Gaia: A New Look at Life on Earth*, (Oxford, U. K.: Oxford University Press, 1979).

2. Lorraine Olendzenski, Lynn Margulis, and Steve Goodwin, *Looking at Microbes Videos* vol. 1, *The Microbiology Laboratory for Students*, vol 2. *Microbe's World* (Sudbury, Mass.: Jones and Barlett Publishers, 1998).

3. P. Bunyard, ed., *Gaia in Action: Science of the Living Earth* (Edinburgh, U. K.: Floris Books, 1996)

4. S. Schneider and P. Boston, *Scientists on Gaia* (Cambridge, Mass.: MIT Press, 1990).

5. D. Sagan, Biosphere: Metamorphosis of Planet Earth(New York McGraw-Hill/Bantam, 1990).

찾아보기

가
가이아 이론 6~12, 200~227
갈조류 83
감수 분열 성 158~159, 177, 179, 181~183
강한 가이아 218~219
건조 계곡 191
고니움 소시알레 174
고세균 73, 78, 86, 88, 90, 92
골딩, 윌리엄 208
곰팡이 융합 189~190
공생 5, 10~12, 21, 25~26, 47, 69, 188, 196, 225
공생 발생 7, 23, 27, 48, 70~77, 86, 95, 98
공생자주의 23
공진화 47, 218
공통 조상 98
관련성 60
광독립 영양 생물 152~153
광합성 51, 76, 83
광합성 세균의 합병 75
광합성 시아노박테리아 78
굴드, 스티븐 제이 26
굽타, 래드니 87~88, 95

규조류 83
균계 67
균근 6, 22, 190
그레이, 마이클 85
길버트, 월리 151

나
남조류 103
녹조류 50, 70, 75, 83, 94
뉴클레오사이드 132

다
다세포 식물 103
다세포성 162, 167
다윈, 찰스 7, 15, 23, 48, 52, 214
다이슨, 프리먼 149
다중 조성 176
단세포 동물 103
단속 평형 이론 26
대니얼리, 제임스 63
대왕조개 30
대플리니우스 108
데바리, 안톤 69

데이지 세계 223~224
도브잔스키, 테오도시우스 25, 53~54
독립 영양 생물 152~153
동물계 67
동족 섭식 177, 182
둘리틀, 포드 85
드브리스, 휘고 51
디노마스티고트 81, 83
디옥시리보핵산 5, 49, 62, 85
디킨슨, 에밀리 10~11

라

라마니스, 젠타 94
라마르크주의 27, 60
라이언, 프랜시스 56
러블록, 제임스 6, 12, 203~204, 206~209, 216~219, 222
럭, 데이비드 94
레벤후크, 안톤 반 102, 107
레이, 존 108
렌호섹, 미하이 폰 92
로젠바움, 조엘 95
롤런드, 셔우드 205
리니아 190
리보자임 150
리스, 한스 62
린네, 칼 폰 109~111

마

마이어, 에른스트 123~124
맥머닌, 다이애나 168~169, 192~193
맥머닌, 마크 168~169, 171, 192~193
맬록, 데이비드 189
멀러, 허먼 53, 61
메레슈코프스키, 콘스탄틴 57, 77~78, 87, 101
멘델, 그레고어 7, 46, 48, 49, 52
모건, 토머스 헌트 51, 53, 55
모로위츠, 해럴드 132, 142, 145~146, 151~154
무성 생식 138
문합 99
미소 동물 102
미소 생태계 31~32
미소관 90, 96
미코플라스마 게니티쿨룸 135
미토콘드리아 4~6 25, 45, 50, 56, 62, 77, 80, 83, 85, 87, 90, 93, 96, 101
밀러, 스탠리 140~141
밀스, 돈 149

바

바이러스 117, 119
바이스만, 아우구스트 52
반수체 179, 181, 183
방추사 5, 84
배수체 179~180, 183
배수화 180
벌거벗은 유전자 76
베르나드스키, 블라디미르 194~195
베송, 자닌 59
베이트슨, 그레고리 98
베이트슨, 메리 캐서린 45
벨로소프-자보틴스키 반응 145
보트킨, 대니얼 187

분류학 98, 102~126
분자 공생 149
비공생 분지 이론 79
비핵 유전 51, 60~61

사
새포핵 유전학 46
색소체 56, 62, 80~81, 85
샙, 잰 46, 48
생명의 기원 문제 132~142
생태계 서비스 186
샤통, 에두아르 61
선택압 219
섬모충 91, 93
세균계 67
세균의 번식 158
세이건, 도리언 12, 43, 99, 160~161, 221
세이건, 칼 4~5, 39~43, 51, 55
세이저, 루스 56
세포 소기관 4, 45, 50, 55~56, 62, 70, 76, 80, 84~85, 93, 184
세포 융합 성 67
세포질 45~47, 51
세포질 유전 5, 8, 45~46
세포질 유전자 45~46
세포질 유전학 48, 62
세포핵의 기원 87
섹소체 25
소너본, 트레이시 59, 61
쇼스틱, 잭 151
수정 165
수정란 134, 165
슈워츠, 칼린 106, 115~116

슈페만, 한스 52
스미스, 데이비드 92
스터터번트, 앨프리드 53~54
스텐토르 코이룰레우스 162~163
스피겔만, 솔 149
스피로헤타 72, 86~91, 93~95
시아노박테리아 62, 76~77, 81, 152
식물계 67
신경 세포 96
신다윈주의 7, 44, 52, 218
신라마르크주의 7~8, 27
심프슨, 조지 게일로드 42
쌍편모조류 81

아
아리스토텔레스 106, 108
아이겐, 만프레트 149
애스태트, 피터 190~191
약한 가이아 218
에디아카라 동물군 171, 174
에프루시, 보리스 47
엘드리지, 닐스 25~26
연속 세포 내 공생 이론(SET) 11, 25, 63~67, 71, 75, 78, 83, 85, 91, 94, 128
열역학 144~145, 209~210
엽록체 5~6, 45, 51, 62, 75~77
영구 공생 71
오프리디움 31
올렌드젠스키, 로레인 31, 215
올트먼, 시드니 150
왓슨, 앤디 223
우스, 칼 95, 121~125
운동 단백질 94

원생생물계 67, 116
원시 수프 141, 146
원핵세포 24
월린, 아이번 22~23, 57, 101, 104~105
윌슨, 에드먼드 56
윌슨, 에드워드 202
유도리나 173
유리, 해럴드 140
유성 생식 160, 162, 164~165, 174
유영성 세균 73
유전 염색체 이론 49
유전병 181
융합 67, 73, 160~161, 179, 183
음의 되먹임 207
인간 중심주의 14

자

자기성 132
자색비황세균 78
자연 발생 136~140
자연선택 26, 214, 225
자주달개비 70
전공생 발생 82
전생명체 132
제미시 141
조이스, 제럴드 151
종 인지 176
주혈흡충 184
준안정 상태 216
중심립-키네토솜 84~86, 91~96
지구 생리학 협회 201~202
지향 범종설 136
직접 파생 이론 82

진핵생물의 기원 86, 90
진핵세포의 기원 63, 70, 88
진화적 새로움 23, 47
질소 고정균 22, 186
집단 유전학 43, 52

차

창발적 특성 210
체세포 분열 74, 89~90
체크, 토머스 150
초바다 6, 192~193
초유기체 201

카

카슨, 레이철 205
카키나, 리아 니콜라예프나 57
캐럴, 루이스 92
캐벌리어스미스, 톰 79, 95
커슈너, J. 219
케피르 32
코렌스, 카를 51
코플런드, 허버트 113~116
콘볼루타 로스코펜시스 29
퀴비에, 조르주 111
크로, 제임스 43
크릭, 프랜시스 135~136
큰자주달개비 70
클라미도모나스 94, 173~174
클라우드, 프레스톤 168
클로레라 32
클론 167
클리블랜드, 레뮤얼 로스코 61, 177, 179, 182

키블, 프레더릭 윌리엄 29
키트리드 189

타
타타, 밴스 53
테르모플라스마 87
테일러, 맥스 63, 65, 79, 81~83, 95
통합성 135
튜불린 단백질 96
트리브라키디움 171
트리코모나드 91

파
파민친, A. S. 57
파스퇴르, 루이 108, 137~139
편형동물 29
폰테코르보, 지노 56
프랙털 기하학 222
프로테오박테리아 78
프리고진, 일리야 144
프테리디니움 171
플라코브란쿠스 30
플라티모나스 29
피로진스키, K. A. 189
피로진스키-맬록 가설 189~190
피셔, 로널드 52
피카이아 170

하
하디, 고드프리 52
하딩, 스테판 224
하트먼, 하이먼 86~87

항상성 207
해리스, 벳시 블런트 215
핵 중심 진화관 47
핵세포질 73
허친슨, 로버트 41
헤네가이, 루이펠릭스 92
헤네가이-렌호섹 이론 92
헤켈, 에른스트 107, 112~113
혐기성 생물 73~74
호그, 존 113, 116
호기성 생물 6, 169
호열산세균 73, 78
호염성 세균 122
홀, 존 94
홀데인, 존 52
홍조류 83, 173
화학 독립 영양 생물 152
화학 시계 143
환원주의 54
획득 형질의 유전 7, 27, 60
효모 50
후막 포자 189
휘태커, 로버트 114~116
흩어지기 구조 144
힌클, 그레그 11

옮긴이 **이한음**

서울 대학교 생물학과를 졸업한 뒤 실험실을 배경으로 한 과학 소설 『해부의 목적』으로 1996년 《경향신문》 신춘문예에 당선되었다. 전문적인 과학 지식과 인문적 사유가 조화를 이룬 대표 과학 전문 번역자이자 과학 전문 저술가로 활동하고 있다. 저서로 과학 소설집 『신이 되고 싶은 컴퓨터』가 있다. 옮긴 책으로는 에드워드 윌슨의 『지구의 정복자』, 『인간 본성에 대하여』, 『지구의 절반』을 비롯해 『마인드 체인지』, 『악마의 사도』, 『기술의 충격』, 『살아 있는 지구의 역사』, 『DNA: 생명의 비밀』 등 다수가 있다.

사이언스 마스터스 15
공생자 행성 | 린 마굴리스가 들려주는 공생 진화의 비밀

1판 1쇄 펴냄 2007년 12월 31일
1판 7쇄 펴냄 2024년 3월 31일

지은이 린 마굴리스
옮긴이 이한음
펴낸이 박상준
펴낸곳 (주)사이언스북스

출판등록 1997. 3. 24.(제16-1444호)
(06027) 서울시 강남구 도산대로1길 62
대표전화 515-2000 팩시밀리 515-2007
편집부 517-4263 팩시밀리 514-2329
www.sciencebooks.co.kr

한국어판 ⓒ (주)사이언스북스, 2007. Printed in Seoul, Korea.

ISBN 978-89-8371-940-9 (세트)
ISBN 978-89-8371-955-3 03400

『사이언스 마스터스』를 읽지 않고 과학을 말하지 마라!

사이언스 마스터스 시리즈는 대우주를 다루는 천문학에서 인간이라는 소우주의 핵심으로 파고드는 뇌과학에 이르기까지 과학계에서 뜨거운 논쟁을 불러일으키는 주제들과 기초 과학의 핵심 지식들을 알기 쉽게 소개하고 있다.

전 세계 26개국에 번역·출간된 사이언스 마스터스 시리즈에는 과학 대중화를 주도하고 있는 세계적 과학자 20여 명의 과학에 대한 열정과 가르침이 어우러져 있다. 과학적 지식과 세계관에 목말라 있는 독자들은 이 시리즈를 통해 미래 사회에 대한 새로운 전망과 지적 희열을 만끽할 수 있을 것이다.

01 섹스의 진화   제러드 다이아몬드가 들려주는 성性의 비밀
02 원소의 왕국   피터 앳킨스가 들려주는 화학 원소 이야기
03 마지막 3분   폴 데이비스가 들려주는 우주의 탄생과 종말
04 인류의 기원   리처드 리키가 들려주는 최초의 인간 이야기
05 세포의 반란   로버트 와인버그가 들려주는 암세포의 비밀
06 휴먼 브레인   수전 그린필드가 들려주는 뇌과학의 신비
07 에덴의 강   리처드 도킨스가 들려주는 유전자와 진화의 진실
08 자연의 패턴   이언 스튜어트가 들려주는 아름다운 수학의 세계
09 마음의 진화   대니얼 데닛이 들려주는 마음의 비밀
10 실험실 지구   스티븐 슈나이더가 들려주는 기후 변화의 과학